中等职业教育国家规划教材

机械基础

第二版

魏守恒　主编

中国农业出版社

内 容 简 介

　　本教材由机械工程材料、常用机构、机械传动、轴系零件、液压和气压传动五部分组成，内容全面、概念清楚、图文并茂、可操作性强。本书充分考虑中职学生的认知水平，难易适度、理论与实践相结合，适用于农业机械化专业，可作为中等职业学校机械类专业教材，也可作为机械工作岗位培训教材及自学用书。

第二版编审人员

主　编　魏守恒

副主编　刘莉明　王文丽

参　编（按姓名笔画排序）

　　　　王　英　张巧芬　张淑梅

审　稿　田泽兴

第一版编审人员

主　编　郝　婧

编　者　赵建刚　马立新　王道宏

主　审　罗玉福

中等职业教育国家规划教材
出 版 说 明

　　为了贯彻《中共中央国务院关于深化教育改革全面推进素质教育的决定》精神，落实《面向 21 世纪教育振兴行动计划》中提出的职业教育课程改革和教材建设规划，根据教育部关于《中等职业教育国家规划教材申报、立项及管理意见》（教职成〔2001〕1 号）的精神，我们组织力量对实现中等职业教育培养目标和保证基本教学规格起保障作用的德育课程、文化基础课程、专业技术基础课程和 80 个重点建设专业主干课程的教材进行了规划和编写，从 2001 年秋季开学起，国家规划教材将陆续提供给各类中等职业学校选用。

　　国家规划教材是根据教育部最新颁布的德育课程、文化基础课程、专业技术基础课程和 80 个重点建设专业主干课程的教学大纲（课程教学基本要求）编写，并经全国中等职业教育教材审定委员会审定。新教材全面贯彻素质教育思想，从社会发展对高素质劳动者和中初级专门人才需要的实际出发，注重对学生的创新精神和实践能力的培养。新教材在理论体系、组织结构和阐述方法等方面均作了一些新的尝试。新教材实行一纲多本，努力为教材选用提供比较和选择，满足不同学制、不同专业和不同办学条件的教学需要。

　　希望各地、各部门积极推广和选用国家规划教材，并在使用过程中，注意总结经验，及时提出修改意见和建议，使之不断完善和提高。

教育部职业教育与成人教育司

2001 年 10 月

第二版前言

机械基础是中等职业学校农业机械化专业和机械类专业必修的基础课，通过本课程的学习，可以使学生获得机械工程材料、常用机构、机械传动、轴类零件、液压和气压传动等知识，为学习其他相关课程奠定基础。

本书由经验丰富的教学一线老师编写，充分照顾到中等职业学校的教学实际。在编写方面，力求突出如下特点：

（1）难易适度：所选内容均为机械类学生应掌握的必备知识，充分体现"必需"、"够用"的原则，对知识内容进行了精心选取和编排，文字表达上力求简单易懂。

（2）注重实践：所选知识点主要为能够指导实际生产的基本经验和技巧，淡化繁冗的理论分析，减轻学生学习的负担，同时也便于学生快速构建知识体系。

（3）更新技术：在介绍传统知识体系的同时，适当穿插与之关联的新技术，帮助学生领会现代制造的特点和发展方向。

（4）图文并茂：为了减轻学生阅读本书的压力，书中内容主要通过图形、表格等易于阅读的形式给出，一目了然，避免冗长的文字叙述。同时，对于相近和相似的知识点，通过对比的方式加以区分。

（5）边学边练：本书安排了大量的思考题和实训项目，学生可以在老师的带领下完成这些训练内容，让学生在思考和训练过程中迅速掌握前面的基础知识。

本书共5篇15章，包含以下环节：

学习目标：明确学完本章后应该达到的目标。

看一看：以图片的形式展示日常生活中常见的事例。

想一想：引导学生思考和分析，一方面让学生对本章所学知识有所了解，另一方面提高学生的兴趣和主动性。

练一练：每一节后，有相应的练习题让学生加深理解。

练习题：在每章的最后都准备了一组习题，用以检验学生的学习效果。

实训项目：根据章节特点，安排简单易行的实训项目，让学生体验动手的乐趣，在实践过程中将所学知识融会贯通。

本书由魏守恒主编，田泽兴审稿。魏守恒、王文丽编写第一篇机械工程材料，张淑梅编写第二篇常用机构，刘莉明编写第三篇机械传动，王英编写第四篇轴系零件，张巧芬编写第五篇液压和气压传动。

建议教师用 78 课时来讲解教材内容，再配以 30 课时的实践教学，总的讲课时间约为 108 课时。教师可根据实际需要进行调整。

本书在编写过程中，得到了中国农业出版社领导和老师的精心指导，参编学校也给予了大力支持，在此谨衷心地表示感谢。

由于作者水平有限，书中难免存在疏漏之处，敬请各位老师和同学批评指正。

编　者

2011 年 8 月

第一版前言

　　机械基础是农业机械化专业和机械类专业的重要专业基础课之一。为适应 21 世纪我国农业现代化的快速发展，突出中等职业教育特点和以能力为本位的教育思想，在农业职业教育教学指导委员会和中国农业出版社的共同组织下，依据教育部 2001 年颁布的《中等职业学校农业机械化专业〈机械基础〉教学大纲》的要求，组织编写了本教材。本教材中标"＊"的章节为选讲内容。

　　本教材在编写过程中力求做到：

　　1. 目标明确、针对性强，紧扣教育部审批的四年制农业机械化专业教学计划和教学大纲的要求。

　　2. 突出职业特点，以农业机械为主线，列举了典型农机具的常用材料、受力分析和典型传动装置。

　　3. 教材本着实用、够用的原则，力求简练，删减了繁琐的理论性分析和公式推导等。

　　4. 在编写方法上，采用了深入浅出、图文并茂的手法，便于学生理解和掌握。

　　本教材由北京农业职业学院郝婧担任主编，编写绪论、第 3 章；四川省机电工程学校赵建刚编写第 1 章；湖南省生物与机电工程职业技术学院马立新编写第 2 章；浙江嘉兴职业技术学院王道宏编写第 4、5 章。大连水产学院职业技术学院罗玉福担任主审，北京市八一农业机械化学校汪治中、王德超，大连水产学院职业技术学院甄贵章、王桂梅对教材进行了审阅，并提出许多宝贵的建议和意见。编者在此表示衷心地感谢。

　　本教材在编写过程中参阅了大量文献，并得到中国农业出版社的大力支持。在此也一并表示谢意。

　　由于时间仓促、水平有限，尽管我们做了很大的努力，难免书中仍存在不足之处，恳请读者批评指正。

编　者

2001 年 8 月

目　录

第二篇　常用机构

第五篇　液压和气压传动

绪　　论

机械是伴随人类社会的不断进步而逐渐发展与完善的。古代人们使用杠杆、辘轳（图 0-1）、水车（图 0-2）等简单木制机械。

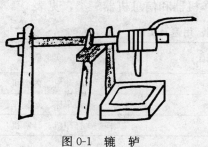

图 0-1　辘　轳

图 0-2　古代水车

18 世纪英国的工业革命以后，蒸汽机、内燃机、电动机的问世，促进了机械制造业、交通运输业的快速发展，人类开始进入机械文明社会。高速列车（图 0-3）、飞机（图 0-4）、机器狗（图 0-5）、数控机床、重型机械、微型机械等大量先进机械设备加速了人类社会的繁荣和进步。

图 0-3　高速列车

图 0-4　飞　机

图 0-5　机器狗

一、认识机械

看一看

机械是机器与机构的总称。我们日常生活和生产实践中见到的自行车（图 0-6）、汽车（图 0-7）和数控车床（图 0-8）都是机器或机构。

图 0-6 自行车

图 0-7 汽 车

图 0-8 数控车床

1. 机器与机构

（1）机器：是根据使用要求而设计制造的一种执行机械运动的装置，用来变换或传递能量、物料与信息，从而代替或减轻人类的体力劳动和脑力劳动。工程中，常把每一个具体的机械称为机器。

根据用途不同，机器可以分为动力机器、工作机器和信息机器三类，见表 0-1。

表 0-1 常见机器类别、用途及实例

类 别	用 途	实 例
动力机器	转换能量	电动机、内燃机
工作机器	变换物料	各种车床、运输车辆
信息机器	交换信息	打印机、计算机

（2）机构：是具有确定相对运动的构件的组合，是用来传递运动和力的构件系统。如链轮传动机构（图 0-9）、齿轮传动机构（图 0-10）。

图 0-9 链轮传动机构

图 0-10 齿轮传动机构

机构是组成机器的主体，为表明机器的组成和运动情况，常用机构运动简图来表示。

机构与机器的共同点都是实现机械运动的装置，不同点是机构没有能量的转换和信息的传递。

2. 机器的组成　一台完整的机器，通常由四部分组成。

（1）动力部分：又称原动机部分或动力装置，作用是将其他形式的能量转换为机械能，以驱动机器各部分的运动。

（2）执行部分：又称工作机构，机器中直接完成具体工作任务。

（3）传动部分：又称传动装置，将原动机的运动和动力传递给工作机构。

（4）控制部分：显示、反映、控制机器的运行和工作。机器的组成示意图见图0-11。

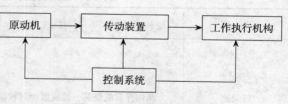

图 0-11　机器组成示意图

图0-12为电动大门机构示意图。动力源为三相交流异步电动机，CD 为大门，铰链安装在门柱 D 处。原动机电机的转速很高，大门的开启速度较低，所以要经过齿轮传动机构把电动机的转速降下来，图示的减速器就是速度变换机构。连杆机构 ABCD 为大门启闭机构，或称为工作执行机构。图 0-13 为常见的旋转门。

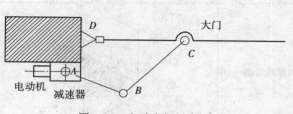

图 0-12　电动大门示意图

图 0-13　旋转门

3. 零件和构件

（1）零件：是机器及各种机械设备的最基本组成单元，如轴、盘盖、叉架、箱体等，相互之间没有相对运动。

（2）构件：是机构中运动的单元体，构件可以是一个独立的零件，也可以由若干个零件组合而成。

机械、机器、机构、构件和零件之间的关系见图0-14。

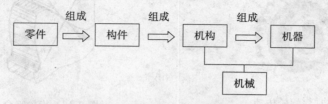

图 0-14　机械、机器、机构、构件和零件之间的关系

二、运动副及其特点

两个构件直接接触，并能产生一定相对运动的连接称为运动副。运动副可分为低副和高副。

1. 低副 低副是指两构件之间做面接触的运动副。按两构件之间的相对运动特征可分为转动副、移动副和螺旋副，其类型、运动特征及应用举例见表 0-2。

表 0-2　低副类型、运动特征及应用举例

类　型	运动特征	应用举例
转动副	两构件只能绕某一轴线做相对转动	
移动副	两构件只能做相对直线移动	
螺旋副	两构件只能沿轴线做相对螺旋运动	

2. 高副 高副是指两构件以点或线接触的运动副。图 0-15 所示蜗轮蜗杆接触属于高副。图 0-16 所示的齿轮啮合也属于高副。

图 0-15　蜗轮传动

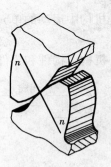

图 0-16　齿轮啮合

3. 低副机构和高副机构

（1）低副机构：机构中所有运动副均为低副。

（2）高副机构：机构中至少有一个运动副是高副。

4. 平面机构运动简图 是表示机构运动情况的简化图形。运动副表示方法见表 0-3。

表 0-3　运动副的表示方法

三、本课程的特点

本课程是农机类和机械类专业的一门基础课程，为学习专业技术课和培训岗位能力服务。

1. **课程内容** 包括机械工程材料、常用机构、机械传动、轴系零件、液压和气压传动。

2. **课程任务** 掌握机械技术的基本知识和基本技能，学以致用。

3. **课程要求** 通过本课程的学习，要达到以下培养目标和能力要求。

（1）具备获取、表达技术信息和使用技术资料的能力。

（2）参加小制作、小发明等实践活动，能够进行简单的机械装配和维修。

（3）养成发现问题、分析问题和解决问题的能力。

（4）培养职业意识、职业能力、职业情感和严谨、敬业的工作作风。

练一练

图 0-17 所示日常物品，哪些属于机器，哪些不属于机器？

图 0-17　常用物品

第一篇 ■

机械工程材料

第一章　常用工程材料

在机械制造系统中，用以制造各种设备、产品的结构和零部件以及各种加工用模具的材料，统称为机械工程材料，其中金属材料占绝大多数（约80%）。

机械制造工业上把金属材料分为两大部分：

1. 钢铁材料　铁和以铁为基的合金（钢、铸铁和铁合金）。

2. 非铁金属材料　钢铁材料以外的所有金属及其合金（如铜合金、铝合金、钛合金等）。

金属材料中的钢铁材料工程性能比较优越，价格也较便宜，是应用最广泛的金属材料。图1-1所示为钢铁材料内部原子结构，图1-2和图1-3所示为常用机械零件。

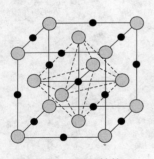

图1-1　原子结构

图1-2　弹　簧

图1-3　齿　轮

第一节　金属力学性能

想一想

哪些材料硬度大，强度高？

力学性能是指金属在外力作用下所表现出来的性能，包括各种强度、塑性、韧性、硬度等。

拉伸试验是基本的测试方法，通过拉伸试验可以获得材料的屈服强度、抗拉强度、伸长率和断面收缩率等各种力学性能指标。

一、拉伸试验

进行拉伸试验的材料是国家标准的拉伸试样，见图1-4。拉伸试验所用的设备是万能拉伸试验机，见图1-5。

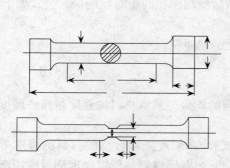

图1-4　光滑圆柱形标准拉伸试样

图1-5　万能拉伸试验机

拉伸试验时，将试样两端装入试验机夹头内夹紧，随后缓慢加载。随着载荷的不断增加，试样随之伸长，直至拉断为止。在拉伸过程中，试验机自动绘图装置绘制出拉力 F 和伸长量 ΔL 之间的关系曲线，低碳钢的拉伸曲线见图1-6。

在拉伸过程中，随拉力的变化，低碳钢试样的变形呈现相应的阶段：弹性变形阶段、屈服阶段、强化阶段、缩颈和断裂阶段。

图1-6　低碳钢的拉伸曲线

二、强度和塑性

1. 强度　强度是指在外力作用下，材料抵抗变形和破坏的能力。当材料承受拉力时，强度指标主要是屈服强度和抗拉强度。

（1）屈服强度 σ_s：屈服强度是指产生屈服现象时的最小应力。公式如下：

$$\sigma_s = F_s / S_0 \tag{1-1}$$

式中：F_s 为产生屈服时的最小载荷，单位是 N；S_0 为试样原始截面积，单位是 mm^2。

机械零件在使用时，一般不允许发生塑性变形，所以屈服强度是大多数机械零件设计时选材的主要依据，也是评定金属材料承载能力的重要力学性能指标。

（2）抗拉强度 σ_b：抗拉强度是指试样拉断前承受的最大应力。公式如下：

$$\sigma_b = F_b / S_0 \tag{1-2}$$

式中：F_b 为试样拉断前所承受的最大载荷，单位是 N；S_0 为试样原始截面积，单位是 mm²。

屈服强度与抗拉强度的比值 σ_s/σ_b 称为屈强比。屈强比小，工程构件的可靠性高，即使外载或某些意外因素使金属变形，也不至于立即断裂。但屈强比过小，材料强度的有效利用率也低。

2. 塑性　塑性是指材料在外力作用下，产生永久残余变形而不断裂的能力。工程上常用伸长率和断面收缩率描述材料的塑性。

（1）**伸长率** δ：伸长率即试样拉伸断裂后标距段的总变形 ΔL 与原标距长度 L 之比的百分数：

$$\delta = \Delta L/L \times 100\% \tag{1-3}$$

（2）**断面收缩率** ψ：断面收缩率是指试样被拉断后横截面积的相对收缩量。公式如下：

$$\psi = (A_0 - A_1)/A_0 \tag{1-4}$$

式中：A_0 为试样原始截面积；A_1 为试样断裂处的截面积。

三、硬度

硬度是材料表面抵抗局部塑性变形、压痕或划裂的能力。通常材料的强度越高，硬度也越高。

硬度测量简便、快捷，不破坏试样（非破坏性试验）；硬度能综合反映材料的强度等其他力学性能；硬度与耐磨性具有直接关系，硬度越高，耐磨性越好。所以硬度测量应用极为广泛，常把硬度标注于图纸上，作为零件检验、验收的主要依据。硬度的种类、符号、测量方法及测量范围见表 1-1。

硬度测试应用得最广的方法是压入法，即在一定载荷作用下，用比工件更硬的压头缓慢压入被测工件表面，使材料局部塑性变形而形成压痕，然后根据压痕面积大小或压痕深度来确定硬度值。工程上常用的硬度计有布氏硬度计、洛氏硬度计和维氏硬度计等见图 1-7。

表 1-1　硬度种类、符号、测量方法及测量范围

种 类	符号	方 法	测量范围
布氏硬度	HB	一定载荷 P，将直径为 D 的球体（淬火钢球或硬质合金球），压入被测材料的表面，保持一定时间后卸去载荷，根据压痕面积 S 确定硬度大小	退火、正火、调质钢、铸铁及有色金属件
维氏硬度	HV	金刚石四棱锥压头压入工件表面，根据压痕大小确定硬度值	适于测定很薄的零件和表面硬化层硬度
洛氏硬度	HR	标准压头用规定压力压入被测材料表面，根据压痕深度来确定硬度值	HRA 适用于测量硬质合金、表面淬火层或渗碳层件等，HRB 适用于测量有色金属和退火、正火钢等，HRC 适用于测量调质钢、淬火钢等

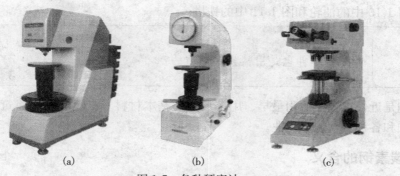

图 1-7　各种硬度计

（a）布氏硬度计　（b）洛氏硬度计　（c）维氏硬度计

四、韧性

　　冲击韧性是在冲击载荷作用下，抵抗冲击力的作用而不被破坏的能力。在工程上冲击韧性值常用一次摆锤冲击试验来测定，采用的标准冲击试样见图 1-8，冲击试验机见图 1-9。通常用冲击韧性指标 α_k 来度量，α_k 值越大，表示材料的冲击韧性越好。

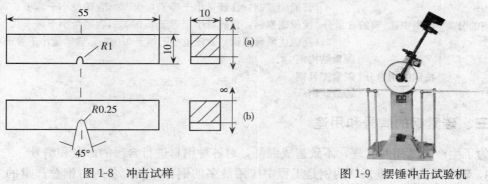

图 1-8　冲击试样

（a）梅式试样　（b）夏比 V 形缺口试样

图 1-9　摆锤冲击试验机

第二节　碳　素　钢

看一看

图 1-10　油　轮

图 1-11　铁　塔

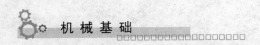

观察图 1-10 中的油轮和图 1-11 中的铁塔。

想一想
哪些零件也是用碳素钢制造的？

碳素钢是近代工业中使用最早、用量最大的基本材料。广泛应用于建筑、桥梁、铁道、车辆、船舶和各种机械制造工业。

一、碳素钢的含义

碳素钢（简称碳钢）是含碳量小于 2.11％的铁碳合金，其中还含有少量硅（Si）、锰（Mn）、磷（P）、硫（S）等杂质。实际生产中，碳素钢的含碳量小于 1.5％。

二、碳素钢的分类

碳素钢的分类
- 按钢中的含碳量分
  - 低碳钢：含碳量小于等于 0.25％
  - 中碳钢：含碳量大于 0.25％且小于等于 0.6％
  - 高碳钢：含碳量大于 0.6％
- 按钢中硫、磷的含量分
  - 普通碳素钢：含硫量小于等于 0.055％，含磷量小于等于 0.045％
  - 优质碳素钢：含硫量小于等于 0.040％，含磷量小于等于 0.040％
  - 高级优质碳素钢：含硫量小于等于 0.030％，含磷量小于等于 0.035％
- 按钢的用途分
  - 碳素结构钢
  - 碳素工具钢
  - 铸造碳钢

三、碳素钢的牌号和用途

为了生产、选用和管理，不致造成混乱，对各种钢材进行合理的命名和编号。

1. 碳素结构钢　碳素结构钢是工程中应用最多的钢种，其产量约占钢总产量的 70％～80％。

碳素结构钢的牌号由代表屈服点的汉语拼音"Q"、屈服点数值（单位为 MPa）、质量等级符号和脱氧方法符号按顺序组成。例如，Q235AF 表示屈服强度为 235MPa 的 A 级沸腾钢。

碳素结构钢的牌号、性能及用途见表 1-2。

表 1-2　碳素结构钢的牌号、性能及用途

牌号	性能及用途
Q195	具有高的塑性、韧性和焊接性，但强度较低。用于承受载荷不大的金属结构件，也在机械制造中用作铆钉、螺钉、垫圈、地脚螺栓、冲压件等
Q215	
Q235	具有一定的强度、良好的塑性、韧性和焊接性，广泛用于一般要求的金属结构件，如桥梁、吊钩。也可制作受力不大的转轴、心轴、拉杆、摇杆、螺栓等。Q235C，Q235D 也用于制造重要的焊接结构件
Q255	用于制造要求强度不太高的零件如螺栓、销、转轴等和钢结构用各种型钢
Q275	用于强度要求较高的零件如轴、链轮、轧辊等承受中等载荷的零件

2. 优质碳素结构钢 这类钢中有害杂质及非金属杂质含量较少，化学成分控制得也较严格，塑性、韧性较好，运用于制造较重要的机械零件。这类钢的牌号采用阿拉伯数字，以两位阿拉伯数字表示平均含碳量（以万分之几计），如45钢即表示平均含碳量为0.45％的优质碳素结构钢。优质碳素结构钢牌号及用途见表1-3。

表1-3 优质碳素结构钢牌号及用途

牌号	用 途
10	钢板、钢带、钢丝、型材等
20	拉杆、轴套、螺钉、渗碳件（如链条、齿轮）
45	蒸汽涡轮机、压缩机、泵的运动零件以及齿轮、轴、活塞等
65	用于制造弹簧圈、轴、轧辊及钢丝绳等

3. 碳素工具钢 碳素工具钢主要用于制造刀具、量具和模具，具有较高的硬度和耐磨性，其平均含碳量为0.7％～1.3％，属于高碳钢。

碳素工具钢的牌号是在"碳"字汉语拼音首位字母"T"的后面附加数字表示，数字表示平均含碳量的千分数，若为高级优质碳素工具钢，则在其牌号后加符号A。例如，T12A表示平均含碳量为1.2％的高级优质碳素工具钢。碳素工具钢牌号、性能及用途见表1-4。

表1-4 碳素工具钢牌号、性能及用途

牌号	性能及用途
T8、T8A	适于做承受冲击、硬度适当、具有一定韧性的工具，如冲头、扁铲、螺丝刀及木工工具等
T10、T10A	适于做不受剧烈冲击、要求较高硬度的工具，如冲模、丝锥、板牙等
T12、T12A	适于做不受冲击、要求硬度高、极耐磨的工具，如锉刀、丝锥、刮刀、拉丝模、量具等

4. 铸造碳钢 铸造碳钢（简称为铸钢）主要用于受冲击负荷作用的形状复杂件，如轧钢机机架，重载大型齿轮、飞轮等。对于许多形状复杂件，很难用锻压等方法成形，用铸铁又难以满足性能要求，这时常需选用铸造碳钢件。

铸造碳钢的牌号由"ZG"即"铸钢"两字的汉语拼音字首和两组数字组成，前一组数字表示为铸件的屈服强度σ_s的最低值，后一组数字表示抗拉强度σ_b的最低值。

例如，ZG200-400表示$\sigma_s \geq 200$MPa，$\sigma_b \geq 400$MPa的铸造碳钢。

 练一练
1. 铸造碳钢适合做哪些零件？
2. 说一说Q235A是哪种钢材？解释符号和数字的含义？

第三节 合金钢

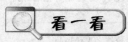 **看一看**

观察图1-12、图1-13、图1-14所示的零件，它们都是合金钢制造的。

图 1-12 轴 承　　　　　图 1-13 不锈钢法兰　　　　　图 1-14 高速钢铣刀

一、合金钢的含义

合金钢是指为提高钢的力学性能与工艺性能，或者为获得某些特殊物理、化学性能，特地向碳钢中加入定量其他元素（合金元素）的钢。在合金钢中，常加入的合金元素有锰（Mn）、硅（Si）、铬（Cr）、镍（Ni）、钼（Mo）、钨（W）、钒（V）、钛（Ti）、铌（Nb）、锆（Zr）、稀土元素（Re）等。

二、合金钢的分类

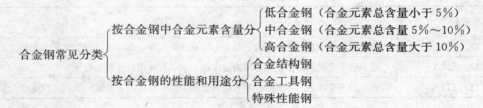

合金钢常见分类 ┤
　按合金钢中合金元素含量分 ┤
　　低合金钢（合金元素总含量小于 5%）
　　中合金钢（合金元素总含量 5%～10%）
　　高合金钢（合金元素总含量大于 10%）
　按合金钢的性能和用途分 ┤
　　合金结构钢
　　合金工具钢
　　特殊性能钢

三、合金钢的牌号和应用

1. 合金结构钢　合金结构钢具有良好的综合力学性能，即具有高强度的同时又具有高的韧性，从而保证零件的长期安全使用。

合金结构钢通常按具体用途的不同又可分为多种类型，最常使用的有低合金高强度结构钢、合金渗碳钢、合金调质钢、合金弹簧钢和滚动轴承钢。常用合金结构钢的牌号、热处理特点、性能及用途见表 1-5。

表 1-5　常用合金结构钢的牌号、热处理特点、力学性能及用途

类别	钢号（试样毛坯尺寸）(mm)	热处理	力学性能（不小于）				用途举例
			σ_s (MPa)	σ_b (MPa)	δ_5 (%)	α_k (J)	
渗碳钢	20Cr (15)	渗碳＋淬火＋低温回火	540	835	10	47	齿轮、小轴、活塞销、蜗杆
	20CrMnTi (15)	渗碳＋淬火＋低温回火	850	1 080	10	55	主传动齿轮、活塞销、凸轮
	20MnVB (15)	渗碳＋淬火＋低温回火	885	1 080	10	55	替代 20CrMnTi

（续）

类别	钢号 (试样毛坯尺寸)(mm)	热处理	力学性能（不小于）				用途举例
			σ_s (MPa)	σ_b (MPa)	δ_5 (%)	α_k (J)	
调质钢	40Cr（25）	淬火＋高温回火	785	980	9	47	重要齿轮、轴、曲轴、连杆
	30CrMnSi（25）	淬火＋高温回火	885	1 080	10	39	高速齿轮、轴、离合器零件
	38CrMoAl（30）	淬火＋高温回火	835	980	14	71	高级氮化用钢、蜗杆、阀门
	40MnVB（25）	淬火＋高温回火	785	980	10	47	替代 40Cr 钢
弹簧钢	50Mn2（25）	淬火＋中温回火	785	930	9	39	截面<ϕ12mm 螺旋、板弹簧、ϕ20～ϕ25mm 弹簧
	55Si2Mn	淬火＋中温回火	1 200	1 300	6, δ10	—	工作温度低于 230℃
	60Si2Mn	淬火＋中温回火	1 200	1 300	6, δ10	—	工作温度低于 230℃
	50CrVA（25）	淬火＋中温回火	1 130	1 280	10	—	ϕ30～50mm 弹簧

（1）低合金高强度结构钢：低合金高强度结构钢是在碳素结构钢基础上加入少量合金元素。

低合金结构钢的牌号与碳素结构钢相似，是由代表屈服强度的汉语拼音字首"Q"、屈服强度数值、质量等级符号（A、B、C、D、E）三个部分按顺序排列，从 A 至 E 钢中硫、磷含量逐渐减少。例如，Q345A 表示屈服强度为 345MPa 的 A 级低合金结构钢。低合金结构钢屈服强度一般都大于 275MPa。

低合金高强度结构钢的性能特点是比强度（强度与密度之比）高，并且具有较高的塑性和韧性，所以广泛用于锅炉（图 1-15）、建造桥梁（图 1-16）、制造车辆和船舶等。

图 1-15　锅　炉

图 1-16　桥　梁

（2）合金渗碳钢：合金渗碳钢的含碳量一般都很低，在 0.15%～0.25%，属于低碳钢，保证了渗碳零件的芯部具有良好的韧性和塑性，另外，为了提高钢芯部的强度，可在钢中加入一定量的合金元素，如铬（Cr）、镍（Ni）、锰（Mn）、钼（Mo）、钨（W）、钛（Ti）等。

合金渗碳钢是因为在热处理工序上要进行渗碳后淬火加低温回火而得名，通过渗碳、淬火和低温回火处理后，芯部是低碳淬火组织，保证了高韧性和足够的强度，而表层则是高碳回火马氏体，获得了较高的硬度和耐磨性。

合金渗碳钢很适合制造要求表面高硬度和高耐磨性，而芯部要求较高强度和适当韧性，即"表硬里韧"的零件，如汽车变速箱齿轮见图1-17，内燃机上的凸轮见图1-18。

图1-17　汽车变速箱齿轮　　　　　　　　图1-18　凸　轮

（3）合金调质钢：合金调质钢的含碳量一般在$0.35\%\sim0.50\%$，属于中碳钢，使钢在淬火和回火后既保证了较高的强度和硬度，又避免了韧性差、易断裂的不足，从而保证了调质钢零件获得良好的综合力学性能。

合金调质钢是因为在热处理上要进行调质处理而得名。

合金调质钢适合于制造要求能承受较大的交变应力、冲击性载荷及具有中高强度和韧性配合的零件，如飞机、汽车、拖拉机、机床和其他机械设备上的重要零件，高强度螺栓见图1-19，齿轮轴见图1-20。

图1-19　高强度螺栓　　　　　　　　　图1-20　齿轮轴

（4）合金弹簧钢：合金弹簧钢的牌号表示方法与合金渗碳钢、合金调质钢相同，如60Si2Mn。

合金弹簧钢的含碳量一般在$0.45\%\sim0.70\%$，常加入的合金元素有硅（Si）、锰（Mn）、铬（Cr）、钒（V）等。这些元素不仅提高钢的淬透性，而且在配以合理热处理后，可以细化钢材晶粒，使钢的σ_s与σ_b的比值接近于1，从而使合金弹簧钢具有足够的弹性和韧性，硅元素在这方面的作用最为突出，因此许多合金弹簧都含有较多的硅，而硅具有容易导致脱碳及石墨化的缺点，合金弹簧钢中不单独加入硅元素，通常是与其他元素（如锰）同时加入。

合金弹簧钢常进行淬火加中温回火处理，从而获得回火屈氏体以保证良好弹性，主要用于制造各种弹簧和弹性元件。火车减震弹簧见图1-21，发动机气门弹簧见图1-22。

图 1-21　火车减震弹簧

图 1-22　发动机气门弹簧

　　(5) 滚动轴承钢：我国目前应用最广的轴承是高碳铬轴承，高碳铬轴承钢的牌号用"滚"字汉语拼音字首"G"、铬（Cr）元素符号后面数字代表其平均含量的千分之几。例如，GCr15 表示含铬量 1.5% 左右的滚动轴承钢。滚动轴承钢的含碳量较高（含碳量 0.95%～1.10%）从而保证硬度及耐磨性，加入铬提高钢的淬透性，并使铬碳化合物均匀细小。

　　滚动轴承钢主要用来制造滚动轴承（图 1-23）、轴承滚动体（图 1-24）、内外套圈等，也可用于制造精密量具、冷冲模、机床丝杠等耐磨件，我国常用的高碳铬轴承钢的牌号、化学成分、热处理特点及用途见表 1-6。

图 1-23　轴　承

图 1-24　轴承滚动体

表 1-6　我国常用高碳铬轴承钢的牌号、化学成分、热处理特点及用途

牌号	化学成分				热处理			用途举例
	C	Si	Mn	Cr	淬火温度(℃)	回火温度（℃）	硬度（HRC）	
GCr9	1.00～1.10	0.15～0.35	0.25～0.45	0.90～1.25	810～830 水，油	150～170	62～66	一般工作条件下小尺寸的滚动体和内、外套圈
GCr9SiMn	1.00～1.10	0.45～0.75	0.95～1.25	0.90～1.25	810～830 水，油	150～180	61～65	一般工作条件下的滚动体和内、外套圈，广泛用于汽车、拖拉机、内燃机、机床及其他工业设备上的轴承
GCr15	0.95～1.05	0.15～0.35	0.25～0.45	1.40～1.65	825～845 油	150～170	62～66	

2. 合金工具钢 用来制造各种刃具、模具、量具等工具的合金钢称为合金工具钢。

合金工具钢按用途不同分为：刃具钢、模具钢和量具钢三种。牌号由钢中平均含碳量的千分数值、元素符号、数字顺序排列组成。当钢的平均含碳量大于或等于1%时，不再标注。合金元素符号后面的数字表示该元素平均含量的百分数，当合金元素平均含量小于1.5%时，不标注。例如，9SiCr表示平均含碳量为0.9%，平均含硅、铬量均小于1.5%的合金工具钢。

（1）刃具钢：刃具钢主要指制造车刀、铣刀、钻头等切削刀具的钢种。

合金刃具钢分为两类：低合金刃具钢和高合金刃具钢。

①低合金刃具钢。低合金刃具钢是在碳素工具钢的基础上，加入一些合金元素（总含量小于5%），发展起来的。

低合金刃具钢具有较高的淬透性、红硬性和较好的不变形性。适用于制造变形要求小的薄刃刀具，如丝锥（图1-25）、板牙（图1-26）、铰刀（图1-27）等。

图1-25 丝 锥

图1-26 板 牙

图1-27 铰 刀

②高合金刃具钢。高合金刃具钢又称为高速钢，钢中含有钨（W）、钼（Mo）、铬（Cr）、钒（V）等合金元素，且总量超过10%。高速钢更主要的特性是具有良好的热硬性，当切削温度达600℃时，其硬度仍无明显下降，从而能比低合金刃具钢具有更高的切削速度，高速钢因此而得名。常见高速钢刀具见图1-28。

图1-28 高速钢刀具

（2）模具钢：根据工作条件不同，模具钢可以分为冷作模具钢和热作模具钢。

①冷作模具钢。冷作模具如冷冲模、冷挤压模等工作时，承受复杂的应力、摩擦或冲击，所以冷作模具钢应具备的性能要求：具有高硬度和耐磨性，保证模具在工作时磨损小，形状、尺寸变化小；具有高强度和足够的韧性，保证模具在工作时能承受各种载荷，不致发生崩角、早期疲劳和断裂。

常用的冷作模具钢有：Cr12、Cr12MoV、CrWMn、9Mn2V和W18Cr4V。

②热作模具钢。热作模具如热锻模、热挤压模、高速锻模等工作时，受复杂应力作用，还承受炽热金属流动时产生的强烈摩擦力作用，并且在工作中反复受到炽热金属的加热和冷

却介质冷却的交替作用，所以热作模具钢应具备的性能要求：足够的硬度和耐磨性，良好的强韧性，良好的抗热疲劳性、抗氧化性，良好的导热性。

热作模具钢一般是中碳钢，加入合金元素主要有铬（Cr）、镍（Ni）、锰（Mn）、硅（Si）、钨（W）、钒（V）等，常用的热作模具钢有：5CrMnMo、5CrNiMo、3Cr2W8V、4CrSi等。5CrMnMo常用于制造中小型热锻模；5CrNiMo多用于制造大型热锻模；3Cr2W8V和4CrSi因具有更高的红硬性、导热性和抗热疲劳性，所以多用于制造压铸模。

（3）量具钢。量具包括各种量规、块规、卡尺等度量尺寸和形状的工具。量具钢是用以制造量具的钢种，应具备的性能要求：高硬度、高耐磨性、高尺寸稳定性，良好的磨削加工性及较小的淬火变形，良好的耐腐蚀性能。

常用的合金量具钢有：CrWMn、CrMn、GCr15等。

常用合金工具钢的牌号、成分、性能及用途见表1-7。

表1-7　常用合金工具钢的牌号、成分、主要性能及用途

牌号	回火后硬度（HRC）	用途举例
9Mn2V	60～62	丝锥、板牙、铰刀、样板、小型量规、小冲模、冷压模、雕刻模
9SiCr	60～62	板牙、丝锥、钻头、铰刀、齿轮铣刀、冷轧辊、冷冲模
W18Cr4V	＞63	高速切削用车刀、刨刀、钻头、铣刀、插齿刀
W6Mo5Cr4V2	＞64	高耐磨性和高韧性的特种刀具和成形刀具
Cr12MoV	55～63	冷切剪刀、圆锯、切边模、拉丝模、滚丝模、标准量具与量规
5CrNiMo	40～43	热压模、大型锻模
5CrMnMo	35～40	中型锻模
3Cr2W8V	44～48	高应力压模、螺钉、铆钉压模、热剪切刀、压铸模
CrWMn	62～65	板牙、拉刀、量规、形状复杂的高精度冲模
CrMn	62～65	各种量规、块规

3. 特殊性能钢　特殊性能钢是指除具有一定力学性能外，还具有特殊物理、化学性能的合金钢。机械制造中常用的特殊性能钢包括：不锈钢、耐热钢、耐磨钢和低温用钢等。特殊性能钢的牌号表示方法基本上与合金工具钢的相同。

（1）不锈钢：具有高的抗腐蚀性能的钢称作不锈钢。常见的不锈钢管见图1-29，不锈钢餐盘见图1-30。

图1-29　不锈钢管

图1-30　不锈钢餐盘

不锈钢按其正火组织分为：铁素体不锈钢、马氏体不锈钢、奥氏体不锈钢。

常用不锈钢的牌号、化学成分、力学性能及用途见表1-8。

表1-8　常用不锈钢的牌号、化学成分、力学性能及用途

钢号	化学成分（%）			力学性能				用　　途
	C	Cr	其他	σ_s（MPa）	σ_b（MPa）	δ（%）	硬度	
1Cr13	≤0.15	11.5~13.5	—	≥420	≥600	≥25	≥159HB	汽轮机叶片、水压机阀门、螺栓、螺母等抗弱腐蚀介质并承受冲击的零件
4Cr13	0.36~0.45	16~18	—	—	—	—	≥50HRC	耐磨零件，如热油泵轴、阀门零件、轴承、弹簧以及医疗器械
1Cr17	≤0.12	16~18	—	≥250	≥400	≥20	—	硝酸工厂、食品工厂设备零件
1Cr18Ni9	≤0.14	17~19	Ni：8~12	≥220	≥550	≥45	—	制耐硝酸、有机酸、盐、碱等溶液腐蚀的设备
1Cr18Ni9Ti	≤0.12	17~19	Ni8~12 Ti：0.8~5	≥200	≥550	≥40	—	焊芯、抗磁仪表、医疗器械、耐酸容器、输送管道

（2）耐热钢：耐热钢是指在高温下具有高的热化学稳定性和热强性的特殊钢。耐热钢可分为抗氧化钢和热强钢两类。

①抗氧化钢。又称不起皮钢，具有很好的抗氧化性能的钢称为抗氧化钢。所谓抗氧化性，并非指钢在高温下完全不被氧化，而是指钢在高温下表面能迅速被氧化，氧化后即形成一层致密的、并能牢固地附着于钢表面的薄膜，从而使钢不再继续被氧化。

②热强钢。在高温下既具有良好的抗氧化能力又具有较高强度的合金钢称为热强钢。

常用的抗氧化钢、热强钢的牌号、最高使用温度及用途见表1-9。

表1-9　常用抗氧化钢、热强钢牌号、最高使用温度及用途

类　别	牌号	最高使用温度（℃）		用途举例
		抗氧化性	热强性	
抗氧化钢	1Cr13Si13	900	—	制造各种承受应力不大的炉用构件，如喷嘴、炉罩、托架、吊挂等
	3Cr18Ni25Si2	1 000	—	制造热处理炉内构件
热强钢	15CrMo	350~600	350~600	用作动力、石油部门的锅炉及管道材料
	4Cr9Si2	850	580	用作动力、石油部门的锅炉及管道材料
	1Cr18Ni9Ti	850	650	高压锅炉的过热器、化工高压反应器、喷气发动机尾喷管

（3）耐磨钢：又称高锰钢，是一种在强烈冲击载荷作用下才表现出高耐磨性的特殊钢种。Mn13钢是这类钢材的典型代表，含碳量为1.0%~1.3%，含锰量为11%~14%，只

能通过铸造成形，故牌号多写作 ZGMn13。

这种钢在铸态下，硬而脆，因此要采用"水韧处理"工艺，即把它加热到 1 100℃，使碳化物全部溶于奥氏体中，然后水冷获得单相奥氏体组织。水韧处理后，钢的强度、硬度不高，塑性、韧性良好。在受到强烈冲击、压力摩擦时，表面因塑性变形而产生强烈加工硬化，而芯部仍保持原来的奥氏体所具有的高塑性和高韧性。当旧表面磨损后，新露出的表面又可在冲击和摩擦作用下获得高耐磨性。

高锰钢用于铁道上的辙岔、挖掘机铲斗的斗齿（图 1-31）、坦克的履带（图 1-32）等零件。

图 1-31 挖掘机斗齿

图 1-32 坦克履带

练一练

1. 如何快速区分铁素体不锈钢和奥氏体不锈钢？
2. 解释钢号 W18Cr4V 的含义。

第四节 铸 铁

看一看

观察图 1-33、图 1-34、图 1-35 所示零件，它们都是铸铁材料制造。

图 1-33 阀 门

图 1-34 箱 体

图 1-35 机床床身

铸铁是碳的质量分数大于 2.11% 的铁碳合金，合金中有较多的硅、锰等元素。铸铁具有优良的铸造性能、切削加工性能、减摩性与消振性和低的缺口敏感性，熔炼铸铁的工艺与设备简单、成本低，因此铸铁在机械制造中得到广泛应用。铸铁分为灰口铸铁、球墨铸铁、蠕墨铸铁和可锻铸铁。

一、灰口铸铁

灰口铸铁的牌号、力学性能及用途见表1-10。牌号中"HT"表示"灰铁"二字汉语拼音的大写字头，在"HT"后面的数字表示最低抗拉强度值。

表 1-10　灰口铸铁的牌号、力学性能及用途

牌号	铸件壁厚（mm）		抗拉强度（MPa）	显微组织		用途举例
	>	<	≥	基体	石墨	
HT100	2.5	10	130	F	粗片状	下水管、底座、外罩、端盖、手轮、手把、支架等形状简单的零件
	10	20	100			
	20	30	90			
	30	50	80			
HT150	2.5	10	175	F+P	较粗片状	机械制造业中一般铸件，如底座、手轮、刀架等；冶金工业中流渣槽、渣缸、轧钢机托辊等；机车用一般铸件，如水泵壳、阀体、阀盖等；动力机械中拉钩、框架、阀门、油泵壳等
	10	20	145			
	20	30	130			
	30	50	120			
HT200	2.5	10	220	P	中等片状	一般运输机械中的汽缸体、缸盖、飞轮等；一般机床中的床身、箱体等；通用机械承受中等压力的泵体、阀体等；动力机械中的外壳、轴承座、水套等
	10	20	195			
	20	30	170			
	30	50	160			
HT250	4	10	270	细P	较细片状	运输机械中薄壁缸体、缸盖、进排气歧管等；机床中立柱、横梁、床身、滑板、箱体等；冶金矿山机械中的轨道板、齿轮等；动力机械中的缸体、缸盖、活塞等
	10	20	240			
	20	30	220			
	30	50	200			
HT300	10	20	290	细P	细小片状	机床导轨，受力较大的机床床身、立柱机座等；通用机械的水泵出口管、吸入盖等；动力机械中的液压阀体、蜗轮，汽轮机隔板，泵壳，大型发动机缸体、缸盖等
	20	30	250			
	30	50	230			
HT350	10	20	340	细P	细小片状	大型发动机汽缸体、缸盖、衬套等；水泵缸体、阀体、凸轮等；机床导轨、工作台等摩擦件；需经表面淬火的铸件
	20	30	290			
	30	50	260			

二、球墨铸铁

球墨铸铁的力学性能比灰口铸铁高，成本接近于灰口铸铁，并具有灰口铸铁的优良制造性能、切削性能等。它可代替部分钢作较重要的零件。球墨铸铁的牌号、力学性能及用途见表1-11。牌号中的"QT"表示"球铁"二字汉语拼音的大写字头，在"QT"后面两组的数字分别表示最低抗拉强度和最低延伸率。

表 1-11 球墨铸铁的牌号、力学性能及用途

牌号	基体	力学性能（不小于）					用途举例
		σ_b（MPa）	$\sigma_{0.2}$（MPa）	δ（%）	α_k（J/cm²）	HB	
QT400-17	F	400	250	17	60	≤179	阀门的阀体和阀盖，汽车、内燃机车、拖拉机底盘零件，机床零件等
QT420-10	F	420	270	10	30	≤207	
QT500-05	F+P	500	350	5	—	147～241	机油泵齿轮、机车、车辆轴瓦等
QT600-02	P	600	420	2	—	229～302	柴油机、汽油机的曲轴、凸轮轴等；磨床、铣床、车床的主轴等；空压机、冷冻机的缸体、缸套等
QT700-02	P	700	490	2	—	229～304	
QT800-02	S	800	560	2	—	241～321	
QT1200-01	B_F	1 200	840	1	30	≥HRC38	汽车的螺旋伞轴、拖拉机减速齿轮、柴油机凸轮轴等

三、蠕墨铸铁

蠕墨铸铁是近年来发展起来的一种新型工程材料。它适用于制造重型机床床身、机座、活塞环、液压件等。蠕墨铸铁的牌号、力学性能及用途见表 1-12。牌号中"RuT"表示"蠕铁"二字汉语拼音的大写字头，在"RuT"后面的数字表示最低抗拉强度。

表 1-12 蠕墨铸铁的牌号、力学性能及用途

牌号	力学性能（不小于）			硬度（HB）	蠕化率（%）	基体	用途举例
	σ_b（MPa）	$\sigma_{0.2}$（MPa）	δ（%）				
RuT420	420	335	0.75	200～280	≥50	P	活塞环、制动盘、钢球研磨盘、泵体等
RuT380	380	300	0.75	193～274	≥50	P	
RuT340	340	270	1.0	170～249	≥50	P+F	机床工作台、大型齿轮箱体、飞轮等
RuT300	300	240	1.5	140～217	≥50	F+P	变速器箱体、汽缸盖、排气管等
RuT260	260	195	3.0	121～197	≥50	F	汽车底盘零件、增压器零件等

四、可锻铸铁

可锻铸铁有较好的耐蚀性，适用于制造在潮湿空气、炉气和水等介质中工作的零件，如管接头、阀门等。可锻铸铁的牌号、力学性能及用途见表 1-13。牌号中的"KT"表示"可铁"二字汉语拼音的大写字头，"H"表示"黑心"，"Z"表示珠光体基体。牌号后面的两组数字分别表示最低抗拉强度和最低延伸率。

表 1-13 可锻铸铁的牌号、力学性能及用途

牌号	基体	力学性能（不小于）			硬度（HB）	试样直径（mm）	用途举例
		σ_b（MPa）	$\sigma_{0.2}$（MPa）	δ（%）			
KTH300-06	F	300	186	6	120～150	12 或 15	管道、弯头、接头、三通、中压阀门

（续）

牌号	基体	力学性能（不小于）			硬度 （HB）	试样直径 （mm）	用途举例
		σ_b（MPa）	$\sigma_{0.2}$（MPa）	δ（%）			
KTH330-08	F	330	—	8	120～150	12 或 15	扳手、犁刀、纺机和印花机盘头
KTH350-10	F	350	200	10	120～150	12 或 15	汽车前后轮壳、差速器壳、制动器支架、铁道扣扳、电机壳、犁刀等
KTH370-12	F	370	226	12	120～150	12 或 15	
KTZ450-06	P	450	270	6	150～200	12 或 15	曲轴、凸轮轴、连杆、齿轮、摇臂、活塞环、轴套、犁刀、耙片、万向节头、棘轮、扳手、传动链条、矿车轮等
KTZ550-04	P	550	340	4	180～250	12 或 15	
KTZ650-02	P	650	430	2	210～260	12 或 15	
KTZ700-02	P	700	530	2	240～290	12 或 15	

练 习 题

1. 什么是工程材料的力学性能？主要有哪些性能指标？

2. 什么是强度？强度的主要指标有哪几种？请分别写出单位和符号。

3. 什么是塑性？评定塑性的指标有哪几种？请写出它们的符号。

4. 什么是硬度？硬度试验方法主要有哪几种？说明它们的应用范围。

5. 什么是韧性？请写出单位和符号。

6. 说明 Q235-AF、08F、20、45、60、T12、T12A、ZG200-400 牌号的含义。

7. 下列牌号各代表哪一种钢，说明牌号中的数字及符号的含义。

Q390A、20CrMnTi、60Si2Mn、GCr15、Cr12、W18Cr4V、W6Mo5Cr4V2、ZGMn13、00Cr17Ni14Mo2、4Cr13、0Cr19Ni9

8. 说明下列铸铁牌号中符号和数字的含义。

HT150、QT600-3、RuT340、KTZ550-04、KTH330-08

实训一 钢铁材料的火花鉴别

火花鉴别是将钢与高速旋转的砂轮接触，根据磨削产生的火花形状、"花粉"和颜色，近似地确定钢的化学成分的方法。火花鉴别原理是：当钢被砂轮磨削成高温微细颗粒被高速抛射出来时，在空气中剧烈氧化，金属微粒产生高热和发光，形成明亮的流线，并使金属微粒熔化达熔融状态，使所含的碳及金属元素被氧化形成流线和气体的爆裂而成火花。根据流线和火花特征，可大致鉴别钢的化学成分。

1. 火花的构成 钢铁材料在砂轮上磨削时产生的火花由根部火花，中部火花和尾部火花构成火花束，见图 1-36。高温磨削颗粒形成的线条状轨迹称为流线。流线上明亮而又较粗的点称为节点。火花在爆裂时，产生的若干短线条称为芒线。芒线所组成的火花称为节花。随着碳含量的增加，在芒线上继续爆裂产生二次花、三次花不等。在芒线附近所呈现的明亮的小点称为花粉。火花束的构成，见图 1-37。由于钢铁材料化学成分不同，流线尾部呈现不同形状的火花称为尾花。尾花有苞状尾花、狐尾状尾花、菊状尾花和羽状尾花，见图 1-38。

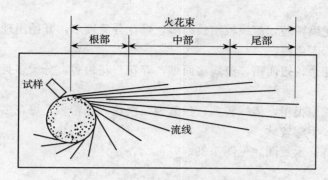

图 1-36　火花束的形式

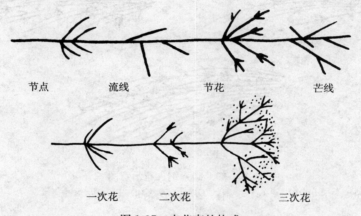

图 1-37　火花束的构成

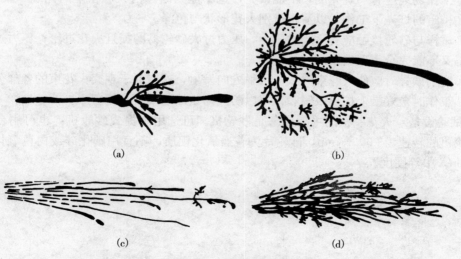

(a)

(b)

(c)

(d)

图 1-38　各种尾花形状

（a）苞状尾花　（b）菊状尾花　（c）狐尾状尾花　（d）羽状尾花

2. 碳素钢火花的特征

（1）通常低碳钢火花束较长，流线少，芒线稍粗，多为一次花，发光一般，带暗红色，花粉微少。

（2）中碳钢火花束稍短，流线较细长而多，爆花分叉较多，开始出现二次、三次花，花粉较多，发光较强，颜色橙。

（3）高碳钢火花束较短而粗，流线多而细，碎花、花粉多，分叉多且多为三次花，发光较亮。

（4）铸铁的火花束很粗，流线较多，一般为二次花，花粉多，爆花多，尾部渐粗下垂成弧形颜色多为橙红。手感较软。

碳素钢的火花特征示意图，见图1-39。

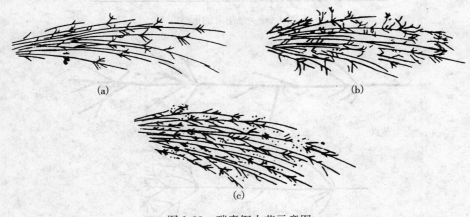

图 1-39　碳素钢火花示意图
(a) 20钢　　(b) 40钢　　(c) T10钢

3. 操作要领

（1）工作场地应有一定亮度，不能太亮，也不能太暗。白天可在室内光线不太明亮处，夜晚应在稍暗的灯光下工作，以清晰辨别火花形状与色泽。

（2）试样与砂轮接触应有适当的压力，压力过大砂轮易磨损且火花过密；压力过小，火花的形态又不能完全表现出来。

（3）磨削试样时应使火花束大致向水平方向发射，这有利于观察火花束的各部分。

（4）工作时最好带上护目眼镜和口罩以防飞扬铁沫造成人身损害。

4. 试验设备　火花鉴别的主要设备是砂轮机。可选用手提式砂轮机，也可用台式砂轮机。砂轮机的转速为3 000r/min，砂轮片为普通氧化铝质，不宜用碳化硅或白色氧化铝。粒度46～60，中等硬度。

第二章　钢的热处理常识

第一节　概　　述

观察图 2-1、图 2-2、图 2-3 所示零件和物品。

图 2-1　弹　簧　　　　　　图 2-2　轴　承　　　　　　图 2-3　刀　具

想一想

这些零件和物品用在什么场合，它们有什么性能特点？

初步统计，在机床制造中，约 60％～70％的零件要进行热处理，在汽车、拖拉机制造中，需要热处理的零件多达 80％，而工模具及滚动轴承，则要 100％进行热处理。总之，凡重要的零件都必须进行适当的热处理才能使用。

钢的热处理是指将钢在固态下进行加热、保温和冷却，以改变其内部组织，从而获得所需性能的一种工艺方法。热处理工艺中有三大基本要素：加热、保温、冷却。这三大基本要素决定了材料热处理后的组织和性能。热处理工艺曲线见图 2-4。

热处理的主要作用是提高钢的力学性能，发挥钢材的潜力，提高工件的使用性能和寿命。

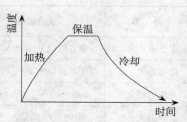

图 2-4　热处理工艺曲线

根据加热、冷却方式的不同及组织、性能变化特点的不同，热处理可以分为下列几类：

1. 普通热处理 包括退火、正火、淬火和回火等。

2. 表面热处理 包括感应加热表面淬火、火焰加热表面淬火、电接触加热表面淬火、渗碳、氮化和碳氮共渗等。

3. 其他热处理 包括可控气氛热处理、真空热处理和形变热处理等。

练一练

常用热处理曲线包括哪几个阶段？

第二节 钢的普通热处理

观察图 2-5 和图 2-6 的热处理设备。

图 2-5 热处理生产线　　　　　　图 2-6 真空热处理炉

想一想

你还见过哪些热处理设备？

一、退火和正火

1. 退火 退火是将钢加热到相变温度以上，较长时间保温并缓慢冷却（一般随炉冷却）的一种工艺。

退火的种类很多，常用的主要类型见表 2-1。

表 2-1　退火种类

种 类	加热温度	冷却方式	组织特点
完全退火	临界线以上 20～30℃	随炉缓慢冷却	接近于平衡组织
球化退火	临界线以上 20～30℃	缓慢冷却	碳化物球化（粒化）和消除网状的二次渗碳体
去应力退火	500～600℃	缓慢冷却	消除组织间的内应力
扩散退火	1 050～1 150℃	随炉缓慢冷却	均匀钢内部的化学成分

2. 正火　正火是将钢加热到临界线以上保温，出炉后再在空气中冷却的热处理工艺。正火与退火的主要区别在于冷却速度不同，正火冷却速度较大，因而强度和硬度也较高。

二、钢的淬火

淬火的目的就是为了获得材料的高硬度，提高钢的力学性能。淬火是钢的最重要的热处理工艺，也是热处理中应用最广的工艺之一。

1. 淬火温度的确定　是由钢的碳的质量分数来确定，碳钢淬火在临界点以上 50℃。

2. 加热时间的确定　通常根据经验公式估算或通过实验确定。生产中往往要通过实验确定合理的加热及保温时间，以保证工件质量。

3. 淬火冷却介质的确定　常用的淬火冷却介质是水、盐或碱的水溶液和各种矿物油、植物油。水在 650～550℃ 范围内具有很强的冷却能力，是碳钢最常用的淬火介质。油一般只用作合金钢的淬火介质。

4. 淬火方法　选择适当的淬火方法可以保证在获得所要求的淬火组织和性能条件下，尽量减小淬火应力，减少工件变形和开裂倾向。

（1）单液淬火：是将淬火加热后的工件放入一种淬火介质中一直冷却到室温的淬火方法。这种方法操作简单，容易实现机械化，适用于形状简单的碳钢和合金钢工件。

（2）双液淬火：是将淬火加热后的工件在冷却能力强的淬火介质中冷却，至接近某一要求的温度时，再立即转入冷却能力较弱的淬火介质中冷却，例如先水后油的双介质淬火法。

（3）分级淬火：是将淬火加热后的工件首先放入某一温度的盐浴或碱浴炉中保温，当工件内外温度均匀后，再从浴炉中取出，空冷至室温，完成组织转变的热处理方法。

三、钢的回火

一般是紧接淬火以后的热处理工艺，淬火后的钢件处于高的内应力状态，不能直接使用，必须即时回火，否则会有工件断裂的危险。其目的在于降低或消除内应力，以防止工件开裂和变形；以稳定工件尺寸；调整工件的内部组织和性能，以满足工件的使用要求。按照回火温度和工件所要求的性能，一般将回火分为三类：低温回火、中温回火、高温回火。回火种类、温度、性能及适用范围见表 2-2。

表 2-2　回火种类、温度、性能及适用范围

种　类	温度范围	回火硬度	性能特点	适用范围
低温回火	250℃以下	58～64HRC	保持淬火钢的高硬度和高耐磨性，淬火内应力有所降低	高硬度、高耐磨性的刃具，冷作模具，量具和滚动轴承，渗碳和表面淬火的零件
中温回火	350～500℃	35～50HRC	高的弹性极限和一定的韧性，淬火内应力基本消除	各种弹簧和模具
高温回火	500～650℃	220～330HBW	具有强度、硬度、塑性和韧性都较好的综合力学性能	用于汽车、拖拉机、机床等承受较大载荷的结构零件，如连杆、齿轮、轴类等

生产中常把淬火加高温回火的热处理工艺称为调质处理。调质处理后的力学性能比相同硬度的正火处理好。

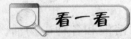

练一练

1. 弹簧用什么样的回火方法？
2. T12 钢锉刀用什么样的回火方法？

第三节　钢的表面热处理

看一看

观察图 2-7 和图 2-8 的热处理设备。

图 2-7　井式炉

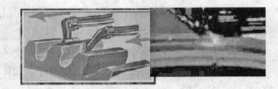

图 2-8　表面淬火

想一想

哪些零件热处理需要这些设备呢？

对于有些既承受弯曲、扭转、冲击载荷，又承受强烈摩擦的零件，如齿轮、轴类零件，要求表面具有高强度、硬度、耐磨性和疲劳强度，而芯部具有足够的塑性和韧性。这时，如果单从选材方面考虑或用前述的普通热处理方法，是难以解决的。因此，实际生产中一般采用表面热处理的方法来满足这一要求。

一、钢的表面淬火

仅对钢的表面加热、冷却而不改变成分的热处理淬火工艺称为表面淬火。按加热方式可分为感应加热、火焰加热、电接触加热和电解加热等。最常用的是前两种。

1. 感应加热表面淬火　与普通淬火相比，感应加热表面淬火具有以下主要特点：

（1）加热温度高，升温快。

（2）工件表层易得到细小的组织，因而硬度比普通淬火大，且脆性较低。

（3）工件表层存在残余压应力，因而疲劳强度较高。

（4）工件表面质量好。这是由于加热速度快，没有保温时间，工件不易氧化和脱碳，且由于内部未被加热，淬火变形小。

（5）生产效率高，便于实现机械化、自动化，淬硬层深度也易于控制。

2. 火焰加热表面淬火　是用乙炔—氧或煤气—氧等火焰直接加热工件表面，然后立即喷水冷却，以获得表面硬化效果的淬火方法见图 2-9。火焰加热温度很高（约3 000℃），能将工件迅速加热到淬火温度，通过调节烧嘴的位置和移动速度，可以获得不同厚度的淬硬层。

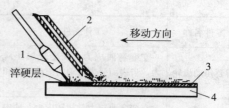

图 2-9　火焰加热表面淬火示意图
1. 烧嘴　2. 喷水管　3. 淬硬层　4. 工件

二、化学热处理

化学热处理是将钢件置于一定温度的活性介质中保温，使一种或几种元素渗入它的表面，改变其化学成分和组织，达到改进表面性能，满足技术要求的热处理过程。常用的化学热处理有渗碳、渗氮（俗称氮化）、碳氮共渗等。

1. 渗碳　渗碳是将低碳钢放入高碳介质中加热、保温，以获得高碳表层的化学热处理工艺。其主要目的是提高零件表层的含碳量，以便大大提高表层硬度，增强零件的抗磨损能力，同时保持芯部的良好韧性。根据使用时渗碳剂的不同状态，渗碳方法可以分为气体渗碳、固体渗碳和液体渗碳三种。

2. 渗氮　也称氮化。它的主要目的是提高零件表层含氮量以增强表面硬度和耐磨性、提高疲劳强度和抗蚀性。氮化后零件表面硬度比渗碳的还高，耐磨损性能很好，同时氮化层还具有一定的抗蚀性能。适合于要求处理精度高、冲击载荷小、抗磨损能力强的零件，如一些精密零件、精密齿轮都可用氮化工艺处理。

3. 碳氮共渗　碳氮共渗是同时向零件渗入碳、氮两种元素的化学热处理工艺。

第四节　材料的选择及应用

机械零件的选材是一项十分重要的工作。选材是否恰当，将直接影响到产品的使用性能、使用寿命及制造成本。判断零件选材是否合理的基本标志是：能否满足必需的使用性能，是否具有良好的工艺性能，能否实现最低成本。选材的任务就是求得三者之间的统一。

一、选材的要求

1. 选材应满足使用性能的要求　使用性能是选材时考虑的最主要依据。对材料使用性能的要求，是在对零件的工作条件及零件的失效分析的基础上提出的。零件的工作条件是复杂的，要从受力状态、载荷性质、工作温度、环境介质等几个方面全面分析。受力状态有拉、压、弯、扭等；载荷性质有静载、冲击载荷、交变载荷等；工作温度可分为低温、室温、高温、交变温度；环境介质为与零件接触的介质，如润滑剂、海水、酸、碱、盐等。为了更准确地了解零件的使用性能，还必须分析零件的失效方式，从而找出对零件失效起主要作用的性能指标。表 2-3 列举了一些常用零件的工作条件、主要失效方式及所要求的主要力学性能指标。

表 2-3　常用零件工作条件、失效方式及主要力学性能指标

零件名称	工作条件	主要失效方式	主要力学性能指标
重要螺栓	交变拉应力	过量塑性变形或由疲劳而造成破断	屈服强度，疲劳强度，HB

（续）

零件名称	工作条件	主要失效方式	主要力学性能指标
重要传动齿轮	交变弯曲应力，交变接触压应力，齿表面受带滑动的滚动摩擦和冲击载荷	齿的折断，过度磨损或出现疲劳麻点	抗弯强度，疲劳强度，接触疲劳强度，HRC
曲轴、轴类	交变弯曲应力，扭转应力，冲击负荷，磨损	疲劳破断，过度磨损	屈服强度，疲劳强度，HRC
弹簧	交变应力，振动	弹力丧失或疲劳破断	弹性极限，屈强比，疲劳强度
滚动轴承	点或线接触下的交变压应力，滚动摩擦	过度磨损破坏，疲劳破断	抗压强度，疲劳强度，HRC

2. 选材应满足工艺性能的要求　任何零件都是通过一定的加工工艺制造出来的。因此材料的工艺性能，即加工成零件的难易程度，是选材时必须考虑的重要问题。所以，熟悉材料的加工工艺过程及材料的工艺性能，对于正确选材是相当重要的。

3. 选材应力求总成本最低　选材的经济性不单是指选用的材料本身价格便宜，更重要的是采用所选材料来制造零件时，可使产品的总成本降至最低，同时所选材料应符合国家的资源情况和供应情况。

二、典型零件的选材及应用实例

机床零件的品种繁多，按结构特点、功用和受载特点可分为：轴类零件、齿轮类零件、机床导轨等。

1. 机床主轴的选材分析　机床主轴是机床中最主要的轴类零件。机床类型不同，主轴的工作条件也不一样。根据主轴工作时所受载荷的大小和类型，大体上可以分为四类：

（1）轻载主轴：工作载荷小，冲击载荷不大，轴颈部位磨损不严重，例如普通车床的主轴。这类轴一般用 45 钢制造，经调质或正火处理，在要求耐磨的部位采用高频表面淬火强化。

（2）中载主轴：中等载荷，磨损较严重，有一定的冲击载荷，例如铣床主轴。一般用合金调质钢制造，如 40Cr 钢，经调质处理，要求耐磨部位进行表面淬火强化。

（3）重载主轴：工作载荷大，磨损及冲击都较严重，例如工作载荷大的组合机床主轴。一般用 20CrMnTi 钢制造，经渗碳、淬火处理。

（4）高精度主轴：有些机床主轴工作载荷并不大，但精度要求非常高，热处理后变形应极小。工作过程中磨损应极轻微，例如精密镗床的主轴。一般用 38CrMoAlA 专用氮化钢制造，经调质处理后，进行氮化及尺寸稳定化处理。

2. 机床齿轮类零件的选材　机床齿轮按工作条件分为三类：

（1）轻载齿轮：转动速度一般都不高，大多用 45 钢制造，经正火或调质处理。

（2）中载齿轮：一般用 45 钢制造，正火或调质后，再进行高频表面淬火强化，以提高齿轮的承载能力及耐磨性。对大尺寸齿轮，则需用 40Cr 等合金调质钢制造。一般机床主传动系统及进给系统中的齿轮，大部分属于这一类。

（3）重载齿轮：对于某些工作载荷较大，特别是运转速度高又承受较大冲击载荷的齿轮大多用 20Cr、20CrMnTi 等渗碳钢制造。经渗碳、淬火处理后使用。例如变速箱中一些重要传动齿轮等。

3. 机床导轨的选材　机床导轨的精度对整个机床的精度有很大的影响。必须防止其变形和磨损，所以机床导轨通常都是选用灰口铸铁制造，如 HT200 和 HT350 等。灰口铸铁在润滑条件下耐磨性较好，但抗磨粒磨损能力较差。为了提高耐磨性，可以对导轨表面进行淬火处理。

练 习 题

1. 请做出钢的热处理工艺曲线，并分析热处理的三个工艺过程。
2. 退火与正火的目的是什么？
3. 常用的退火工艺有哪些？
4. 常用的淬火介质有哪些？其特点如何？
5. 简述常用的淬火方法。

实训二　火焰加热淬火

一、淬火前的准备

1. 工件须经调质、正火等预备热处理。
2. 工件表面不允许有氧化皮、污垢、油迹等。
3. 表面有严重脱碳、裂纹、砂眼、气孔的工件不能进行火焰淬火。

二、火焰预热

铸钢、铸铁、合金钢件可用淬火喷嘴以较小火焰把工件缓慢加热至 $300\sim500℃$，防止开裂。钢件淬火温度取 $Ac_3+（80\sim100℃）$。

三、火焰强度

1. 常用燃气为乙炔和氧气，乙炔和氧化之比以 1∶1.25 至 1∶1.5 为好。
2. 氧气压力为 $0.2\sim0.5MPa$，乙炔压力为 $0.002\sim0.007MPa$，一般火焰呈蓝色中性为好。
3. 煤气使用压力为 $0.003MPa$，丙烷气使用压力为 $0.004\sim0.01MPa$

四、火焰和工件距离

1. 轴类工件距离火焰一般为 $10\sim15mm$，大件取下限近些，形状复杂小件取上限远些。
2. 模数小于 8 的齿轮同时加热淬火时喷嘴焰心与齿顶距离以 15mm 为佳，齿轮分度圆的线速度小于 $5m/min$。
3. 齿轮单齿依次淬火时，焰心距离齿面 $2\sim4mm$。

五、喷嘴或工件移动速度

1. 旋转法的线速度为 $50\sim200mm/min$。

2. 推进法的线速度为 100～200mm/min。

六、火焰中心与喷水孔距离

1. 连续淬火时，火焰中心与喷水孔距离为 10～20mm，太近，水易溅在火焰上；太远，淬硬层不足或过深。

2. 喷水柱应向后倾斜 10°～30°，喷水孔和喷火孔间应有隔板隔开。

七、淬火介质

淬火介质选用自来水，水压在 200～300kPa。

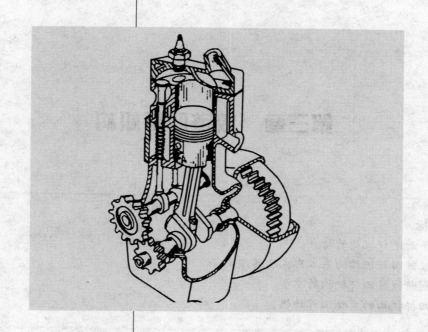

第二篇

常 用 机 构

第三章　铰链四杆机构

第一节　概　　述

观察图 3-1、图 3-2。

图 3-1　挖掘机

图 3-2　快速夹

一、平面连杆机构的基本概念及特点

观察图 3-1 所示挖掘机悬臂装置、图 3-2 快速夹具，可以发现组成这些机构的构件都是通过转动副和移动副连接的，而且机构运动时，各构件在同一平面或相互平行平面内运动，这种机构称为平面连杆机构。

想一想

在你的经历中还见过哪些机器采用平面连杆机构？

平面连杆机构的特点：

1. 能实现多种运动形式，如：转动、摆动、移动。

2. 运动副为低副（转动副和移动副），因此平面连杆机构是低副机构，其接触表面一般为平面或圆柱面，容易制造和维修；承受载荷时单位面积压力较低，因而承载能力大；可以实现较复杂的平面运动；但低副是滑动摩擦，摩擦损失大，效率低。

3. 只能近似实现给定的运动规律，不能满足高精度运动要求。

4. 只用于速度较低的场合（惯性力难以平衡）。

二、铰链四杆机构的组成及分类

构件间用四个转动副相连的平面四杆机构，称为平面铰链四杆机构，简称铰链四杆机构，见图 3-3。

1. 铰链四杆机构的构件组成

（1）机架：固定不动的构件。

（2）连架杆：与机架相连的构件（有两个）。

连架杆根据运动特点分为：曲柄和摇杆。

①曲柄。能绕与机架相连的固定铰链整周转动。

②摇杆。不能整周转动。

（3）连杆：不直接和机架相连的构件。

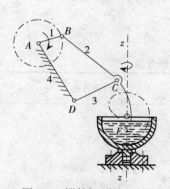

图 3-3　铰链四杆机构
1. 连架杆　2. 连杆　3. 机架

2. 铰链四杆机构的基本类型　按连架杆的运动特点，铰链四杆机构一般分为三种基本类型：曲柄摇杆机构，双曲柄机构和双摇杆机构。

（1）曲柄摇杆机构：两连架杆中一个为曲柄，另一个为摇杆的机构。搅拌机的搅拌机构见图 3-4，缝纫机踏板机构见图 3-5。

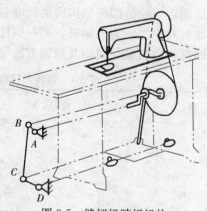

图 3-4　搅拌机搅拌机构

图 3-5　缝纫机踏板机构

（2）双曲柄机构：两连架杆均为曲柄的四杆机构。惯性筛传动机构见图 3-6，机车车轮

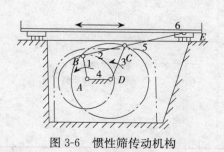

图 3-6　惯性筛传动机构

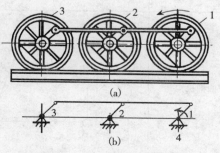

图 3-7　机车车轮联动装置

联动装置见图 3-7，车门启闭装置见图 3-8。

（3）双摇杆机构：两连架杆均为摇杆的四杆机构。起重机机构见图 3-9。

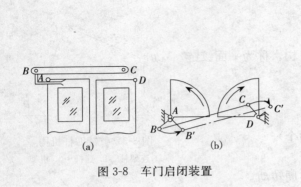

图 3-8　车门启闭装置

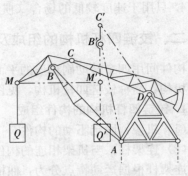

图 3-9　起重机机构

三、铰链四杆机构类型的判别

判断铰链四杆机构类型，关键是判断连架杆是曲柄还是摇杆。铰链四杆机构中曲柄存在的条件：

1. 最短杆与最长杆的长度之和小于或等于其他两杆的长度之和，称为长度和条件。

2. 连架杆和机架中必有一杆是最短杆，称为最短杆条件。

可以证明：当铰链四杆机构满足长度和条件时，最短构件与其相连的构件可做相对整周转动。因此当其中之一为机架时，另一构件必是曲柄。

铰链四杆机构类型、简图及判别方法见表 3-1。

表 3-1　铰链四杆机构类型、简图及判别方法

类　　型	简　　图	判别方法
曲柄摇杆机构		连架杆之一为最短杆； 满足长度和条件
双曲柄机构		机架为最短杆； 满足长度和条件

（续）

类型	简 图	判别方法
双曲柄机构		两连架杆等长，连杆和机架等长
双摇杆机构		连架杆为最短杆
		不满足长度和条件

练一练

1. 平面连杆机构是由许多刚性构件用_____连接而形成的机构。

2. 铰链四杆机构分为_____、_____和_____三种基本类型。

3. 铰链四杆机构有曲柄的条件是_____。

4. 铰链四杆机构中有两个构件长度相等且最短，其余构件长度不同，若取一个最短构件作机架，则得到_____机构。

5. 要将一个曲柄摇杆机构转化成双摇杆机构，可以用_____机架。

6. 当铰链四杆机构各构件长度为：$a = 20$mm，$b = 60$mm，$c = 40$mm，$d = 50$mm。a 为连架杆，则该四杆机构为_____。

第二节 铰链四杆机构的基本性质

图 3-10 所示为牛头刨床，牛头刨床滑枕带动刨刀往复运动，单程切削工件，回程为空

回行程，为提高生产效率，空回行程比切削加工行程运动速度快，用时短。

图 3-11 所示为缝纫机，踩动踏板通过连杆带动大带轮（曲柄）转动实现缝纫加工，但开始时往往会出现反转。

图 3-10　牛头刨床

图 3-11　缝纫机

想一想

　　牛头刨床是如何实现快速空回行程的？缝纫机开始转动时为什么会出现反转？

一、急回特性

　　曲柄摇杆机构，见图 3-12，曲柄 AB 为原动件，当曲柄 AB 连续转动时，摇杆在 C_1D 和 C_2D 之间往复摆动。C_1D 和 C_2D 称为摇杆的极限位置，C_1D 与 C_2D 的夹角 φ 称为摇杆的摆角。

　　由图可知，当摇杆在两极限位置时，曲柄 AB 与连杆 BC 分别处于共线位置：AB_1C_1、AB_2C_2，曲柄处于 AB_1 和 AB_2 位置时所夹的锐角 θ 称为极位夹角。曲柄匀速转动一周，曲柄摇杆机构的运动过程见表 3-2。

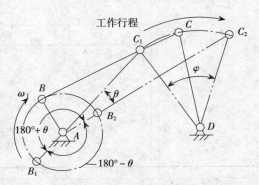

图 3-12　曲柄摇杆机构的运动特性

表 3-2　曲柄摇杆机构的运动过程

曲柄 AB 匀速转动一周			摇杆上 C 点往复摆动	
运动范围	转过的角度	所用时间	运动范围	平均速度
从 $AB_1 \rightarrow AB_2$	$180°+\theta$	t_1	由 $C_1 \rightarrow C_2$ 弧	$\overline{v}_1=C_1C_2/t_1$
从 $AB_2 \rightarrow AB_1$	$180°-\theta$	t_2	由 $C_2 \rightarrow C_1$ 弧	$\overline{v}_2=C_2C_1/t_2$

　　从上表可以看出，当 $t_1>t_2$ 时 $\overline{v}_1<\overline{v}_2$。

　　通常摇杆由 $C_1D \rightarrow C_2D$ 的过程被用作机构中从动件的工作行程，由 $C_2D \rightarrow C_1D$ 的过程被用作机构中从动件的空回行程。这种空回行程平均速度大于工作行程平均速度的现象称为急回特性，常用 $\overline{v}_1$ 与 $\overline{v}_2$ 的比值 K 来描述急回特性，K 称为行程速比系数，即

$$K=\frac{\overline{v}_2}{\overline{v}_1}=\frac{(C_2C_1)/t_2}{(C_1C_2)/t_1}=\frac{t_1}{t_2}=\frac{180°+\theta}{180°-\theta} \tag{3-1}$$

式（3-1）表明，当机构有极位夹角 θ 时机构有急回特性，极位夹角 θ 越大，机构的急回特性越明显；当极位夹角 $\theta=0°$ 时机构往返所用的时间相同，机构无急回特性。

急回特性在实际应用中广泛用于单向工作的场合，使空回行程所花的非生产时间缩短以提高生产率。牛头刨床主传动正是利用曲柄摇杆机构的急回特性实现快速空回。

二、死点位置

曲柄摇杆机构，当摇杆在两极限位置 C_1D 和 C_2D 时，从动件曲柄和连杆共线。这时主动件 CD 通过连杆作用于从动件 AB 上的力恰好通过其回转中心，也就是说驱动力对从动件的回转力矩等于零，此时无论主动件 CD 施加多大的驱动力，均不能使从动件 AB 转动，而出现"顶死"现象。机构的此种位置称为死点位置，见图3-13。

机构处于死点位置时，一方面驱动力作用降为零，从动件要依靠惯性越过死点位置；另一方面是方向不定，可能因偶然外力的影响造成反转。缝纫机踏板机构正是以摇杆为原动件的曲柄摇杆机构，机构存在死点位置，因此缝纫机开始转动时可能出现反转。

死点位置的存在对机构运动来说是不利的，应尽量避免。无法避免时，一般可以采用加大从动件惯性的方法，靠惯性帮助通过死点。例如内燃机曲轴上的飞轮，可以采用机构错位排列的方法，靠两组机构死点位置差的作用通过各自的死点，见图3-14。

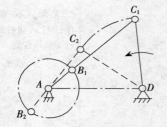

图3-13　死点位置

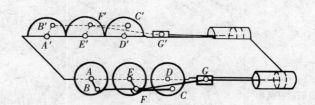

图3-14　机车双列车轮驱动曲柄的错位

在实际工程应用中，有许多场合是利用死点位置来实现一定工作要求的。

图3-15所示为一种快速夹具：夹紧工件后，由于夹紧反力 N 使夹头1成为主动件，连杆2和从动件3共线，机构处于死点状态，夹紧反力 N 对摇杆3的作用力矩为零。这样，无论 N 有多大，也无法推动摇杆3而松开夹具。当我们用手搬动连杆2的延长部分时，因主动件的转换破坏了死点位置而轻易地松开工件。

图3-16所示为飞机起落架：飞机起落架处于放下机轮的位置，地面反力作用于机轮上

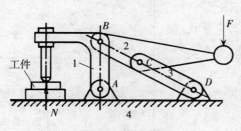

图3-15　快速夹具

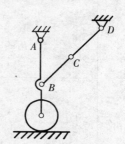

图3-16　飞机起落架

使 AB 件为主动件，从动件 CD 与连杆 BC 成一直线，机构处于死点位置，起到支撑作用；当飞机升空离地要收起机轮时，因主动件改为 CD，破坏了止点位置，只要用较小力量推动 CD，就轻易地收起机轮。

三、各种铰链四杆机构特性分析

分析铰链四杆机构的性能，首先要判断该机构的类型，其次还要确定在该机构工作时，哪个构件是主动件，最后通过图示分析获得机构的性能。各种铰链四杆机构性能见表 3-2。

表 3-2　各种铰链四杆机构性能

基本类型	运动简图	急回特性	死点位置
	曲柄为主动件	$\theta=0°$ 时，无急回特性	
曲柄摇杆机构	曲柄为主动件	$\theta>0°$ 时，有急回特性	无死点位置，连杆与从动件摇杆无共线位置
	摇杆为主动件	从动件曲柄转动，不做讨论	有死点位置，连杆与从动件曲柄有共线位置
双曲柄机构		从动件曲柄转动，不做讨论	有死点位置，连杆与从动件曲柄有共线位置

（续）

基本类型	运动简图	急回特性	死点位置
双摇杆机构	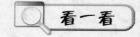	无急回特性，两连架杆均为摇杆，同步摆动	有死点位置，连杆与摇杆有共线位置

练一练

1. 铰链四杆机构具有急回特性时其极位夹角 θ 值大于_____。行程速比系数 K 等于_____。

2. 在曲柄摇杆机构中，当摇杆为主动件，且_____处于共线位置时，机构处于死点位置。

3. 连杆机构行程速比系数是指从动杆回程和工作行程的_____。

4. 机构通过死点位置的办法有_____。

5. 缝纫机踏板机构工作时是利用_____克服死点位置的。

第三节　铰链四杆机构的演化

看一看

观察图 3-17。

一、曲柄滑块机构

由图 3-17 可知，曲柄滑块机构是通过改变曲柄摇杆机构中机架和摇杆的形状或相对长度演化而成。滑块可以做往复曲线运动，也可做往复直线运动。

往复直线运动的曲柄滑块机构分为偏置曲柄滑块机构［图 3-17（c）］和对心曲柄滑块机构［图 3-17（d）］。由于对心曲柄滑块机构结构简单，受力情况好，故在实际生产中得到广泛应用。因此，今后如果没有特别说明，所提的曲柄滑块机构即意指对心曲柄滑块机构。

曲柄滑块机构当曲柄为原动件时无死点位置，但偏置滑块机构存在急回特性。当滑块为原动件时有死点位置。

曲柄滑块机构应用实例见图 3-18。

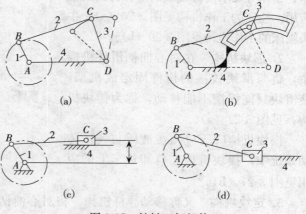

(a)　　　　　　　　(b)

(c)　　　　　　　　(d)

图 3-17　铰链四杆机构

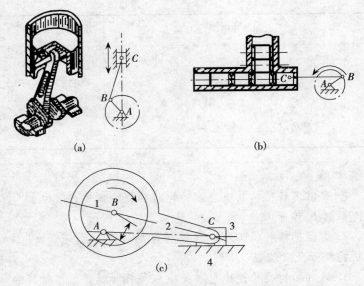

(a)

(b)

(c)

图 3-18　曲柄滑块机构应用

二、其他滑块机构

1. 导杆机构　见图 3-19，在对心曲柄滑块机构中，导路是固定不动的，如果将导路做成导杆 4 铰接于 A 点，使之能够绕 A 点转动，并使 AB 杆固定（以滑块对面的构件为机架），就变成了导杆机构。根据导杆机构中导杆的运动特点，导杆机构有转动导杆机构和摆动导杆机构两种类型。

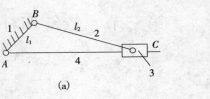

图 3-19　导杆机构
（a）转动导杆机构　（b）摆动导杆机构

导杆机构具有很好的传力性能，在插床、刨床等要求传递重载的场合得到广泛应用。插床的工作机构见图 3-20 (a)，牛头刨床的工作机构见图 3-20 (b)。

2. 摇块机构　在对心曲柄滑块机构中，将与滑块铰接的构件固定成机架，使滑块只能摇摆不能移动，称为摇块机构，见图 3-21 (a)。

摇块机构广泛应用在液压与气压传动系统中，摇块机构在自卸货车上的应用见图 3-21 (b)。

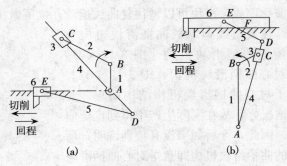

图 3-20　导杆机构的应用
（a）插床工作机构　（b）牛头刨床工作机构

3. 定块机构　又称移动导杆机构。将对心曲柄滑块机构中的滑块固定为机架，就成了定块机构，见图 3-22 (a)。图 3-22 (b) 为定块机构在手动抽水机上的应用，用手上下扳动主动件1，使作为导路的活塞及活塞杆4沿管筒中心线做往复移动，实现泵水或泵油。

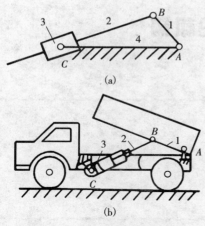

(a)

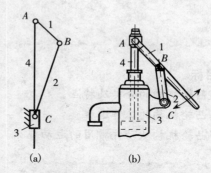

(a) (b)

图 3-21 摇块机构及其应用　　　　图 3-22 定块机构及其应用

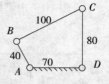

练一练

1. 在曲柄滑块机构中，若以_____为主动件、_____为从动件，则不会出现死点位置，但_____急回特性；若以_____为主动件、_____为从动件，则在曲柄与连杆两次共线的位置，就是死点位置。

2. 一对心式曲柄滑块机构，若以滑块为机架，则将演化成_____机构。

3. 在摆动导杆机构中，若以_____为原动件时，机构无死点位置；_____急回特性；而取_____为原动件时，则机构有两个死点位置，_____急回特性。

练 习 题

1. 什么是平面连杆机构？平面连杆机构有什么优缺点？

2. 什么是曲柄？什么是摇杆？铰链四杆机构曲柄存在条件是什么？

3. 铰链四杆机构有哪几种基本形式？

4. 在图 3-23 所示铰链四杆机构中，若机构以 AB 杆为机架时，则为_____机构；以 BC 杆为机架时，则为_____机构；以 CD 杆为机架时，则为_____；以 AD 杆为机架时，则为_____机构。

图 3-23 铰链四杆机构

5. 什么是平面连杆机构的急回特性？试举例加以说明急回运动在实际生产中的用途。

6. 什么是平面连杆机构的死点位置？分析机构具有死点位置的利与弊。

7. 试述克服平面连杆机构死点位置的方法。

8. 在平面四杆机构中，哪些机构能实现急回运动？

9. 在摆动导杆机构中，导杆摆角等于30°，其行程速比系数 K 的值为多少？

第四章 凸轮机构

学习目标
● 掌握凸轮机构的分类及特点。
● 熟悉凸轮机构的工作过程。
● 了解凸轮机构从动件常用的运动规律。

第一节 概 述

观察图 4-1 所示内燃机的配气机构，图 4-2 所示的缝纫机紧线机构。这两种机构都属于凸轮机构。

图 4-1 内燃机配气机构

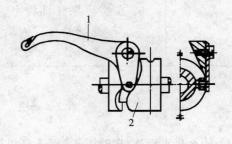

图 4-2 缝纫机紧线机构
1. 从动紧线爪 2. 圆柱凸轮

想一想
内燃机配气机构中气门往复移动，缝纫机紧线机构中紧线爪摆动，它们采用凸轮驱动，主要利用凸轮机构的什么特点？

一、凸轮机构的组成及应用特点

凸轮机构是由凸轮、从动件和机架三个基本构件组成的高副机构。凸轮是一个具有曲线轮廓或凹槽的构件，一般为主动件，做连续等速回转运动或往复直线运动。与凸轮轮廓接触，并传递动力和实现预定的运动规律的构件，称为从动件。其工作原理是：当凸轮转动或移动时，借助凸轮轮廓曲线的向径 r（盘状凸轮）或高度 h（移动凸轮）的变化而使从动件得到预期的运动规律。

凸轮机构广泛应用于各种机械、仪器的自动控制装置，主要是由于凸轮机构可以精确地实现各种复杂的运动要求。因为从动件的运动规律取决于凸轮轮廓曲线，所以在应用时，只要根据从动件运动规律的要求，设计凸轮的轮廓曲线就可以了。而且结构简单、紧凑。但由于凸轮与从动件高副接触，易磨损，因此一般用于传力较小的自动控制装置。

二、凸轮机构的基本类型

凸轮机构的种类很多，在实际应用中，根据工作要求，按凸轮形状、从动件的结构形式及运动形式、从动杆与凸轮保持接触的锁合方式，经过不同的组合可得到多种类型的凸轮机构。

1. 按凸轮的形状分类　按凸轮的形状分为：盘形凸轮、移动凸轮、圆柱凸轮，见图 4-3。盘形凸轮、移动凸轮组成平面凸轮机构，圆柱凸轮组成空间凸轮机构。

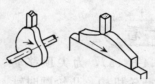

图 4-3　凸轮类型

2. 按从动件分类

（1）按从动件形状分为：尖顶从动件、滚子从动件和平底从动件，见图 4-4。

①尖顶。结构简单，易磨损，适合低速和小传动力。

②滚子。滚动摩擦，磨损小，适合传递较大的作用力。

③平底。线接触，易形成油膜，润滑好，传动平稳，效率高，适合高速。

（2）按从动件运动形式分为：移动从动件和摆动从动件。

（3）按从动件布置位置分为：对心移动从动件和偏置移动从动件，见图 4-5，图中 e 为偏移量。

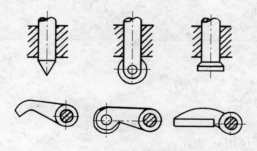

图 4-4　从动件形状和运动形式

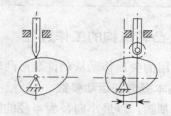

图 4-5　从动件的布置形式

3. 按锁合方式分类　分为力锁合和形锁合两种。

力锁合是利用从动件的重力、弹簧力或其他外力使从动件与凸轮保持接触。图 4-1 所示的内燃机配气机构就是靠弹簧力使气门与凸轮保持接触。

形锁合是靠凸轮与从动件的特殊几何结构来保持两者的接触。图 4-2 所示的缝纫机紧线机构就是利用从动紧线爪与圆柱凸轮接触而实现紧线的。

第二节　从动件常用运动规律

看一看

观察图 4-6（a），为尖顶移动从动件盘形凸轮机构，凸轮顺时针转动，从动件往复移动。

图 4-6（b）是以凸轮的转角 δ 或时间 t（凸轮匀速转动时，转角 δ 与时间 t 成正比）为横坐标，对应从动件的位移 s 为纵坐标，所绘出的曲线图，称为从动件的位移线图。其中从动件最大位移 h 称为行程。

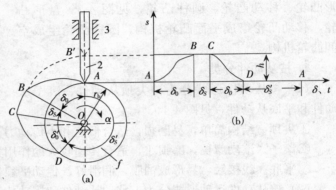

图 4-6　凸轮机构的工作过程

想一想

从动件的运动过程是怎样的？

一、凸轮机构的工作过程

以常用的尖顶移动从动件盘形凸轮机构为例。

1. 基本概念和运动参数

（1）基圆：以最小向径为半径的圆。其半径用 r_b 表示。

（2）起始点 A：凸轮推动从动件开始上升的位置点。

（3）推程：从动件从起始点 A 运动到距离轴心最远点 B 的过程。

（4）推程运动角：与推程对应的凸轮转角 δ_0。

（5）远休止：凸轮继续转动，使从动件相对于凸轮由 B 点滑到 C 点，但从动件位置是在最大行程处停止不动，从动件的这一运动过程称为远休止。

（6）远休止角：从动件在最大行程处停留时所对应的凸轮转角 δ_s。

（7）回程：从动件与凸轮轮廓 CD 保持接触，按一定规律回到最低位置的过程。

（8）回程运动角：与回程对应的凸轮转角 δ'。

（9）近休止：从动件相对于凸轮由 D 点滑到 A 点，但从动件位置是在最近处停止不动。称为近休止。

（10）近休止角：从动件在最近处停止不动，对应的凸轮转角 δ_s'。

2. 工作过程　尖顶对心移动从动件盘形凸轮机构工作时，主动件凸轮匀速转动，从动件往复移动。凸轮转动一周，从动件经过推程—远休止—回程—近休止完成一次往复工作循环。实际应用中根据工作要求凸轮机构的工作过程可能没有远休止和近休止。

二、从动件常用运动规律

1. 等速运动规律　从动件上升（或下降）的速度为一常数的运动规律称为等速运动规律。图 4-7 所示为从动件推程做等速运动时的位移线图、速度线图和加速度线图。

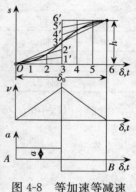

图 4-7　等速运动规律

特点：从动件在运动过程中速度恒定，因此运动平稳，但从动件运动的起始和终止位置速度有突变，加速度为无穷大而引起刚性冲击。

适用场合：低速轻载。

2. 等加速等减速运动规律　从动件在推程或回程的前半程做等加速运动，后半程做等减速运动的运动规律称为等加速等减速运动规律。通常前半程做等加速运动，后半程做等减速运动的加速度绝对值相等。其位移曲线为两段在中点光滑相连的反向抛物线。图 4-8 所示为从动件在推程做等加速等减速运动的位移线图、速度线图和加速度线图。

位移线图简化画法：以推程为例，将横坐标上推程角 δ_0 和过 $\frac{1}{2}\delta_0$ 点与纵坐标平行且等高于行程 h 的线段做相同等分；过横坐标

图 4-8　等加速等减速运动规律

上等分点做纵轴平行线，行程 h 的线段前半程的等分点与起点相连，后半程的等分点与终点相连；最后用光滑曲线连接各点（从起点开始，过各等分点所做线段的交点直到终点），所得曲线就是等加速等减速运动规律的位移线图。

特点：速度曲线连续，不会产生刚性冲击，但加速度曲线在运动起始，中间和终点位置有突变，会产生柔性冲击。

适用场合：中速轻载。

练一练

1. 凸轮机构的工作过程一般包括＿＿＿＿＿、＿＿＿＿＿、＿＿＿＿＿ 和＿＿＿＿＿ 四个阶段。

2. 等速运动规律的位移曲线是＿＿＿＿＿形状。等加速等减速运动规律的位移曲线是＿＿＿＿＿＿＿＿形状。

3. 等速运动规律在＿＿＿＿＿ 位置存在＿＿＿＿＿冲击。等加速等减速运动规律在＿＿＿＿＿ 位置存在＿＿＿＿＿冲击。

练 习 题

1. 凸轮机构的工作原理是什么?
2. 简述凸轮机构的工作特点。
3. 凸轮机构中从动件常用的形式有哪几种?各有什么应用特点?
4. 什么是凸轮的基圆?
5. 一凸轮机构,凸轮转角从 0～180°,从动件等速上升,行程为 25mm;转角从 180°～270°时,从动件等速下降;转角从 270°～360°,从动件停止不动。试画出从动件的位移曲线。
6. 凸轮机构从动件运动规律如表 4-1:

表 4-1　凸轮机构从动件运动规律

从动件运动过程	凸轮转角	从动件运动规律
升程	180°	等加速等减速运动
远休止	30°	静止
回程	90°	等速运动
近休止	60°	静止

试画出从动件的位移曲线。并指出哪里有刚性冲击,哪里有柔性冲击?

第五章 间歇运动机构

第一节 棘轮机构

观察图 5-1 所示牛头刨床，为了切削工件，刨刀需做纵向往复直线运动，工作台做间歇横向进给，而且当加工不同形状和不同材料的工件时，要求横向进给量不同。

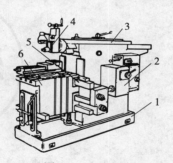

图 5-1 牛头刨床
1. 底座 2. 床身 3. 滑枕 4. 刀架 5. 滑板 6. 工作台

想一想
牛头刨床横向进给是如何实现的？

牛头刨床横向进给运动是一种具有周期性停歇的单向运动，称为间歇运动（又称作步进运动）。具有间歇运动特点的机构称为间歇运动机构。常用的间歇运动机构的类型有棘轮机构、槽轮机构和不完全齿轮机构。牛头刨床横向进给运动采用的是棘轮机构。

一、棘轮机构的基本结构和工作原理

棘轮机构基本结构见图 5-2，由棘轮 3、棘爪 2、主动摆杆 1、机架 5 和止动棘爪 4 组成。主动摆杆 1 空套在与棘轮 3 固定连接的从动轴上，驱动棘爪 2 与主动摆杆 1 用转动副 O_1 相

连，止动棘爪 4 与机架 5 用转动副 O_2 相连，弹簧 6 可保证棘爪与棘轮啮合。

主动摆杆 1 顺时针方向摆动时，驱动棘爪 2 插入棘轮的齿槽中，使棘轮跟着转过一定角度，此时，止动棘爪在棘轮的齿背上滑动。当主动摆杆逆时针方向摆动时，棘爪在棘轮的齿背上滑过并回到原位，止动棘爪插入棘轮的齿槽中，使棘轮可靠静止，并禁止棘轮逆时针方向转动。因此，当主动摆杆做持续的往复摆动时，棘轮做单向的间歇运动。

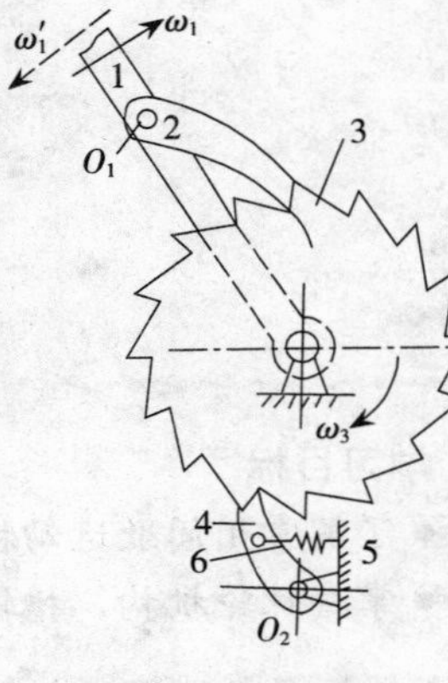

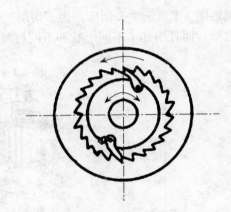

图 5-2　齿式棘轮机构

二、棘轮机构的类型及特点

按工作原理不同棘轮机构可分为齿式与摩擦式两大类。

1. 齿式棘轮机构　棘轮具有齿形表面，工作可靠，棘轮转角能有级调节（单个棘齿所对圆心角的倍数），但棘爪在齿背滑行引起噪音、冲击与磨损，不适于高速。

（1）按啮合方式可分成外啮合棘轮机构（图 5-3）、内啮合棘轮机构（图 5-4）。

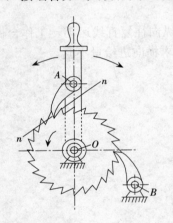

图 5-3　外啮合棘轮

图 5-4　内啮合棘轮

（2）按棘轮的运动方式又可分为单向式棘轮机构和双向式棘轮机构。

单向式棘轮机构中棘轮只能做单向间歇运动。图 5-3、图 5-4 所示均为单向式棘轮机构。图 5-5 所示为双向式棘轮机构。

（3）按工作方式可分为单动式棘轮机构和双动式棘轮机构。

单动式棘轮机构当主动件向某一个方向摆动时，才能推动棘轮转动。图 5-2、图 5-3、图 5-4 所示均为单动式棘轮机构。

双动式棘轮机构见图 5-6。机构采用两个棘爪，分别与棘轮接触。当主动件做往复摆动时，

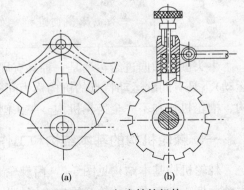

(a)　　　　(b)

图 5-5　双向式棘轮机构

两个棘爪能先后使棘轮沿同一方向做步进运动。主动件往复摆动一次时，两棘爪先后推动或拉动棘轮共两次，因此棘轮步进运动的停歇时间较短，棘轮每次转过的角度也较小。

2. 摩擦式棘轮机构

（1）偏心楔块式棘轮机构：图 5-7 所示为偏心楔块式棘轮机构。它的组成与轮齿式棘轮机构相似，只是用偏心扇形楔块代替棘爪，用摩擦轮代替棘轮。其工作原理是利用楔块偏心的几何条件，当主动摆杆 1 逆时针摆动时，驱动楔块 2 与摩擦轮间的摩擦

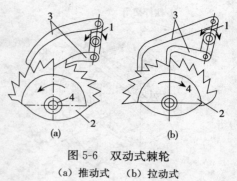

图 5-6　双动式棘轮

（a）推动式　（b）拉动式

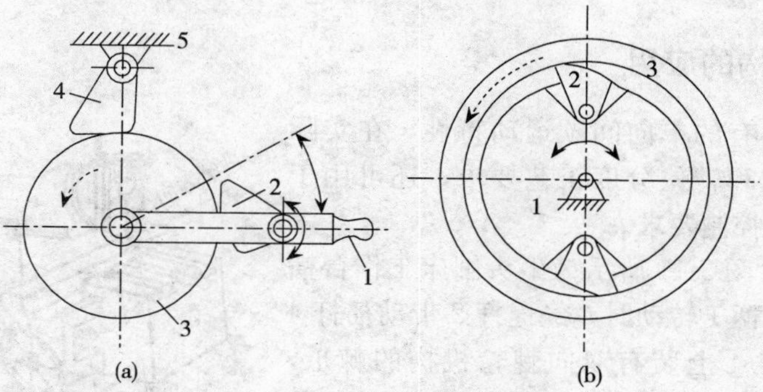

图 5-7　偏心楔块式棘轮机构

力来实现摩擦轮的单向间歇转动。

特点是传动平稳、无噪声，棘轮转角可无级调节。但因靠摩擦力传动，会出现打滑现象，虽然可起到安全保护作用，但是传动精度不高。适用于低速轻载的场合。

（2）滚子楔紧式棘轮机构：图 5-8 所示为常用的滚子楔紧式棘轮机构，构件 1 逆时针转动或构件 3 顺时针转动时，在摩擦力作用下能使滚子 2 楔紧在构件 1、3 形成的收敛狭隙处，则构件 1、3 成一体，一起转动；运动相反时，构件 1、3 成脱离状态。

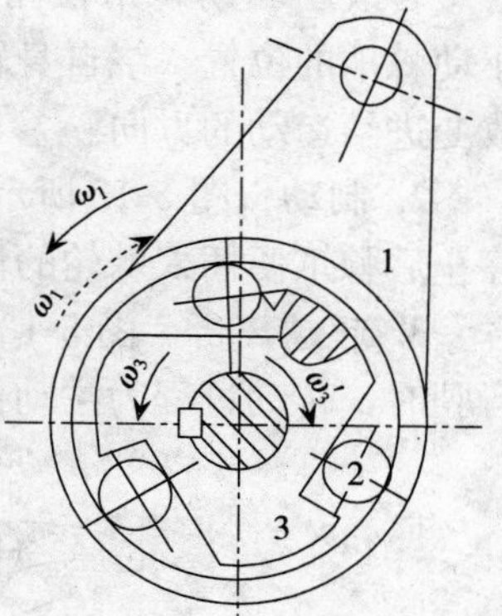

三、齿式棘轮机构转角的调节

棘轮机构在实际应用中常常需要调整棘轮的转角。例如牛头刨床，通过调节齿式棘轮机构的转角，改变横向进给量的大小，以满足加工不同工件的要求。常用的调整方法有以下两种：

图 5-8　滚子楔紧式棘轮机构

（1）利用遮板：改变遮板位置，使部分行程内棘爪沿遮板表面滑过，从而实现棘轮转角大小的调整，见图 5-9。

（2）改变摆杆的摆角：在图 5-10 所示棘轮机构中，通过改变曲柄摇杆机构曲柄长度 OA 的方法来改变摇杆摆角的大小，从而实现棘轮机构转角大小的调整。此方法也适用于摩擦式棘轮机构。

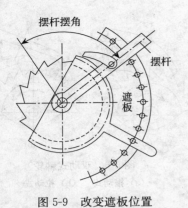

图 5-9　改变遮板位置

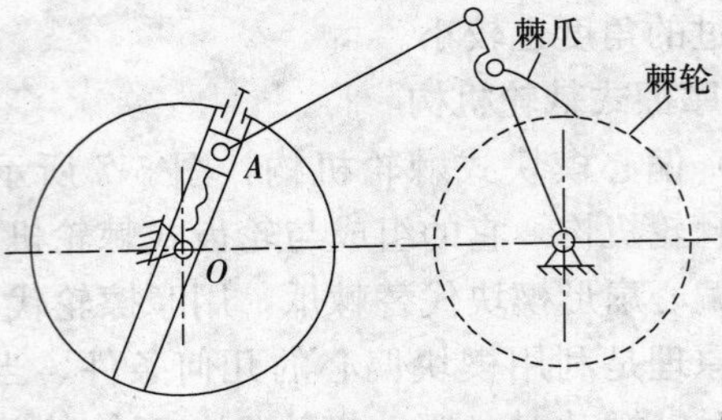

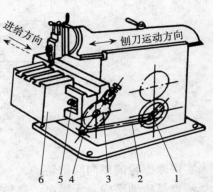

图 5-10　改变摆杆摆角

四、棘轮机构的应用

棘轮机构所具有的单向间歇运动特性，在实际应用中可满足送进和转位分度工艺要求，还可用于制动、超越离合等控制要求。

1. 间歇送进　图 5-11 所示为牛头刨床工作台横向进给机构。当曲柄 1 转动时，经连杆 2 带动摇杆 4 做往复摆动；摇杆 4 上装有双向棘轮机构的棘爪，棘轮 3 与丝杠 5 固连，棘爪带动棘轮做单方向间歇转动，从而使螺母 6（工作台）做间歇进给运动。

若改变驱动棘爪摆角，可以调节进给量；改变驱动棘爪的位置（绕自身轴线转过 180° 后固定），可改变进给运动的方向。

图 5-11　牛头刨床横向进给机构

2. 制动　图 5-12 所示为卷扬机棘轮制动装置，提升重物 W 时棘爪在棘轮齿背上滑过，停止后棘爪便插入棘轮的齿槽中禁止棘轮转动。

3. 超越离合　图 5-13 所示为自行车后轮实现超越离合的棘轮机构。在较平路面上正常行驶时，传动过程为主动件 1（链轮）转动—链条 2—棘轮 3—棘爪 4—从动件 5（后轮轴）

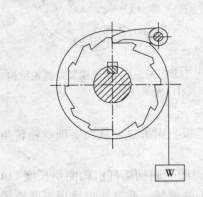

图 5-12　卷扬机棘轮制动装置

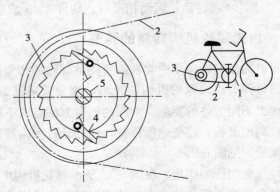

图 5-13　超越离合棘轮机构

转动；当自行车滑行或下坡时，棘轮 3 不动或低于从动件 5 转速，棘爪 4 只是从后链轮 3 的内齿背上滑过。这种从动件超越主动件的特性称为超越。

练一练

　　1. 棘轮机构的主动件是_____，从动件是_____，机架起固定和支撑作用。

　　2. 棘轮机构的主动件做_____运动，从动件做_____性的时停、时动的间歇运动。

　　3. 调整棘轮转角的大小，可采用_____和_____。

　　4. 摩擦式棘轮机构，棘轮是通过与棘爪的摩擦块之间的_____而工作的。

　　5. 按棘轮的运动棘轮机构可分为_____和_____两种。

第二节　槽轮机构和不完全齿轮机构

看一看

　　观察图 5-14 所示的电影放映机的卷片机构，放映电影时，胶片以每秒 24 张的速度通过镜头，每张画面在镜头前有一短暂的停留。

　　图 5-15 所示为冰淇淋灌装转位机构，转盘做"转位—停止"的间歇转动，完成"放杯—灌装—卸杯—空位"工作循环。

图 5-14　电影放映机卷片机构

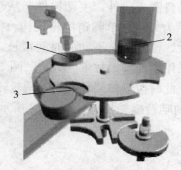

图 5-15　冰淇淋灌装转位机构
1. 灌装　2. 放杯　3. 卸杯

想一想

　　电影放映机的卷片机构、冰淇淋灌装转位机构和牛头刨床工作台横向进给机构都是间歇运动，那它们的运动要求有什么不同？

　　电影放映机的卷片机构、冰淇淋灌装转位机构要求做间歇运动，但它们动和停的时间比不变，因此转位角不需要调整，使用的传动机构为槽轮机构。

一、槽轮机构的组成和工作原理

槽轮机构由带圆销的拨盘、具有径向槽的槽轮和机架组成，见图 5-16。

主动拨盘 2 上的圆柱销 5 进入槽轮上的径向槽以前，拨盘外凸锁止弧 1 将槽轮内凹锁止弧 3 锁住，则槽轮 4 静止不动。圆柱销 5 进入径向槽时，凸、凹锁止弧刚好分离，圆柱销可以驱动槽轮转动。当圆柱销脱离径向槽时，凸锁止弧又将凹锁止弧锁住，从而使槽轮静止不动。因此，当主动拨盘做连续转动时，槽轮被驱动做单向的间歇转动。

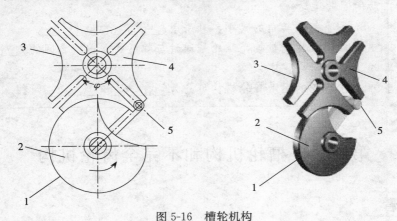

图 5-16　槽轮机构

二、槽轮机构的类型

常用的槽轮机构有两种类型：一种是外啮合槽轮机构，另一种是内啮合槽轮机构。

1. 外啮合槽轮机构　外啮合槽轮机构中的槽轮径向槽的开口是自圆心向外，主动构件与从动槽轮转向相反。图 5-16 所示为外啮合单圆销槽轮机构。拨盘转动一周，槽轮转动一次。槽轮静止不动的时间很长，如需要使静止时间短些可采用增加圆销数量的方法。图 5-17 所示为双圆销槽轮机构，此时拨盘每回转一周，槽轮转动两次。

2. 内啮合槽轮机构　图 5-18 所示为内啮合槽轮机构。

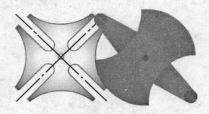

图 5-17　双圆销槽轮机构

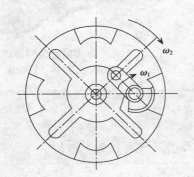

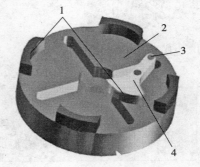

图 5-18　内啮合槽轮机构
1. 锁止弧　2. 槽轮　3. 圆销　4. 拨盘

槽轮上径向槽的开口是向着圆心的，主动构件与从动槽轮转向相同。

三、槽轮机构的特点

1．结构简单，工作可靠，在圆销进入和退出啮合槽轮机构时没有刚性冲击，所以运动比棘轮机构平稳。

2．能准确控制转动的角度。槽轮的转角 φ 只与槽轮的槽数 z 有关，$\varphi = 2\pi/z$。常用于要求恒定旋转角的分度机构中。

3．对一个已定的槽轮机构来说，其转角不能调节。如要改变其转角 φ 的大小，必须更换具有相应槽数的槽轮。但槽数不宜过多，通常为 $4\sim8$，所以槽轮机构只宜用在从动槽轮的每次转角较大且不需要经常调整转动角度的传动机构中。

4．槽轮机构工作时，槽轮转动的角速度变化很大，因而惯性力也较大，不适用于转速过高的场合。

四、不完全齿轮机构

1．**不完全齿轮机构的基本形式和工作原理**　不完全齿轮机构是由普通渐开线齿轮机构演变而来的一种间歇运动机构。图5-19 所示为外啮合不完全齿轮机构，该机构主动小齿轮只保留三个齿，从动轮上制有与主动轮轮齿相啮合的齿间。当主动轮1的有齿部分作用时，从动轮2就转动；当主动轮1的无齿圆弧部分作用时，从动轮停止不动，因而当主动轮连续转动时，从动轮获得时转时停的间歇运动。

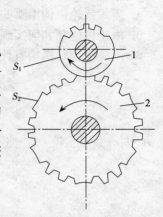

2．**不完全齿轮机构的特点**

（1）不完全齿轮机构的结构简单，制造容易，工作可靠。

（2）不完全齿轮机构的从动轮在一周转动中可做多次停歇。

图5-19　不完全齿轮机构

设计时从动轮的运动时间和静止时间的比例可在较大范围内变化。

（3）主、从动轮进入和脱离啮合时速度有突变，冲击较大。因此，一般只适用于低速轻载的工作条件。

不完全齿轮机构常用于多工位自动机和半自动机工作台的间歇转位及某些间歇进给机构中。

3．**常用不完全齿轮机构的类型**　不完全齿轮机构的类型有外啮合式（图5-20）、内啮合式（图5-21）和齿轮齿条啮合机构（图5-22）。

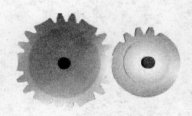  

图5-20　外啮合　　　　　图5-21　内啮合　　　　图5-22　齿轮齿条啮合

练一练

1. 槽轮机构主要由_____、_____和机架等构件组成。

2. 槽轮的静止可靠性和不能反转，是通过槽轮与拨盘的_____实现的。

3. 间歇齿轮机构是由_____演变来的。

练 习 题

1. 什么是间歇运动？

2. 常用的间歇运动机构有哪些？

3. 根据工作原理棘轮机构有哪些类型？各有何特点？

4. 齿式棘轮机构由哪些构件组成？棘轮转角的大小如何调节？

5. 槽轮机构是如何实现间歇运动的？和棘轮机构相比槽轮机构有什么特点？

6. 不完全齿轮机构有什么特点？适用于什么场合？

第三篇

机 械 传 动

第六章 带传动

学习目标

● 熟悉带传动的组成、类型、工作原理、特点和应用。

● 了解普通V带的结构、标准和V带选择。

● 了解常用的V带的应用场所,并会正确选用。

● 掌握V带传动在使用和维护方面应注意的问题。

第一节 概 述

带传动是常用的机械传动形式之一,它的主要作用是传递转矩和改变转速。带传动在汽车、家用电器及数控机床等新型机械装备中得到了广泛应用。

 看一看

观察图6-1所示的常见传动带。

(a)   (b)   (c)

图6-1 常见传动带

(a) 平带 (b) V带 (c) 同步带

 想一想

这些是什么传动带?哪些机械使用这些带传动?

一、带传动组成和工作原理

1. 带传动组成 带传动一般由主动轮、从动轮、紧套在两轮上的传动带及机架组成。

2. 传动带的类型 按带截面形状分为摩擦带传动(图6-2)和啮合带传动(图6-3)。

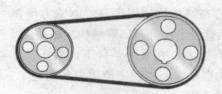

图 6-2　摩擦带传动

图 6-3　啮合带传动

3. 带传动工作原理　以带作为中间挠性件，靠摩擦力或者靠带内侧凸齿与带轮外缘上的齿槽相啮合实现运动和动力的传递。

二、带传动的传动比

带传动中，主动轮转速 n_1 与从动轮转速 n_2 之比称为传动比，用符号 i 表示。

$$i = \frac{n_1}{n_2} = \frac{d_2}{d_1} \tag{6-1}$$

式中：n_1、d_1 为主动轮转速与直径；n_2、d_2 为从动轮转速与直径。

第二节　V 带传动

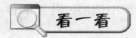

图 6-4　使用带传动的机械

观察图 6-4 所示的使用带传动带的机械。

 想一想
　　V 带传动在哪些机械上使用？与平带传动比较有什么突出特点？

在机械传动中，绝大部分带传动属于摩擦带传动，尤其以 V 带传动应用广泛。下面重点讨论 V 带传动。

一、普通 V 带的结构和尺寸标准

1. V 带结构组成　V 带是标准件，属于无接头的环形带，工作面是与槽轮接触的两侧面，带与槽轮底面不接触。断面为等腰梯形，夹角为 40°。V 带有帘布结构和绳芯结构两种，均由顶胶、抗拉体、底胶和包布组成。帘布结构抗拉强度高，制造方便，一般场合采用；绳芯结构比较柔软，适用转速较高、带轮直径小场合。V 带结构见图 6-5。

2. 截面型号 有 Y、Z、A、B、C、D、E 七种，在系统条件下，截面尺寸越大，传递功率越大，其中 E 型截面尺寸最大，其传递功率最大，生产中使用最多的是 A、B、C 三种型号。V 带截面见图 6-6。

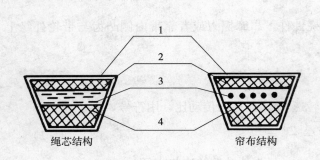

图 6-5　V 带结构
1. 包布　2. 顶胶　3. 抗拉体　4. 底胶

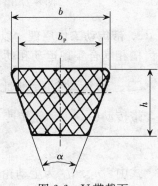

图 6-6　V 带截面

3. 基本参数

（1）节宽 b_p：V 带绕在带轮上，其长度、宽度保持不变的面层称作中性层，其宽度称作节宽。

（2）基准宽度 b_d：在带轮上与节宽处于同一位置的槽形轮廓宽度。

（3）基准直径 d_d：基准宽度处带轮直径。

（4）基准长度 L_d：沿 V 带中性层量的长度，也称公称尺寸，印于带外表面。普通 V 带基准长度见表 6-1。

表 6-1　普通 V 带基准长度系列（摘自 GB/T 11544—1997）

基准长度 L_d（mm）	型号							基准长度 L_d（mm）	型号						
	Y	Z	A	B	C	D	E		Y	Z	A	B	C	D	E
280	○							2 000		○	○	○	○		
315	○							2 240			○	○	○		
355	○							2 500			○	○	○		
400	○	○						2 800			○	○	○	○	
450	○	○						3 150				○	○	○	
500	○	○						3 550				○	○	○	
560		○						4 000				○	○	○	○
630		○	○					4 500					○	○	○
710		○	○					5 000					○	○	○
800		○	○					5 600					○	○	○

（续）

基准长度 L_d (mm)	型 号							基准长度 L_d (mm)	型 号						
	Y	Z	A	B	C	D	E		Y	Z	A	B	C	D	E
900		○	○	○				6 300					○	○	○
1 000		○	○	○				7 100					○	○	○
1 120		○	○	○				8 000					○	○	○
1 250		○	○	○				9 000					○	○	○
1 400		○	○	○				10 000					○	○	○
1 600		○	○	○				11 200						○	○
1 800		○	○	○	○										

4. 标记 由"型号（截面代号）＋基准长度（mm）＋标准编号"组成，如"A1600 GB/T 11544—1997"表示 A 型 V 带，基准长度为1 600mm。

二、普通 V 带轮的材料和结构

1. 材料 当转速较低时，采用铸铁；转速较高时宜采用铸钢（或用钢板冲压后焊接而成）；小功率时可用铸铝或塑料。

2. 结构

（1）带轮直径较小时可采用实心式。

（2）中等直径的带轮可采用腹板式。

（3）直径大于 300mm 时可采用轮辐式。

V 带轮常见结构见图 6-7。

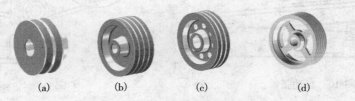

图 6-7 V 带轮常见结构
（a）实心带轮 （b）腹板带轮 （c）孔板带轮 （d）轮辐带轮

3. V 带轮槽角 轮槽横截面内两侧边的夹角称作轮槽角。V 带横截面内两侧边的夹角称作楔角，一般为 40°。V 带安装在带轮上后，由于带弯曲变形使楔角减小，为保证带弯曲变形后的胶带仍能与带轮贴合，轮槽角一般为 32°、34°、36°、38°，一般小带轮轮槽角小些，大带轮轮槽角大些。

三、带传动的张紧、安装与维护

（一）带传动的张紧

1. 调整中心距方式

（1）定期张紧：采用定期改变中心距的方法来调节带的张紧力，使带重新张紧。常见的有滑道式（图 6-8）和摆架式（图 6-9）两种结构。滑道式适用于两轴线水平或接近水平传动。摆架式两轴线相对安装支架垂直或滑道式接近垂直的传动。

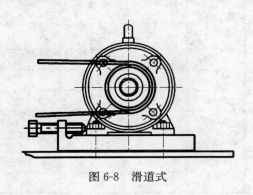

图 6-8　滑道式

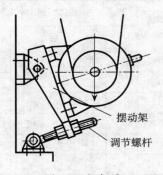

摆动架
调节螺杆

图 6-9　摆架式

（2）自动张紧：将装有带轮的电动机安装在浮动的摆架上，利用电动机的自重，使带轮绕固定轴摆动，以自动保持张紧力，见图 6-10。

2. 张紧轮方式　当中心距不能调节时，可采用张紧轮将带张紧，见图 6-11。张紧轮一般放在松边的内侧，使带只受单向弯曲，同时张紧轮还应尽量靠近大轮，以免过分影响带在小轮上的包角。

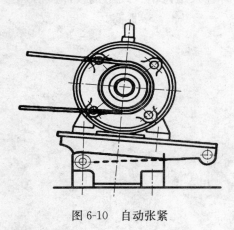

图 6-10　自动张紧

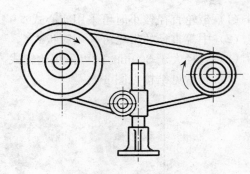

图 6-11　张紧轮张紧

（二）带传动的安装与维护

1. 安装 V 带时，应按规定的初拉力张紧。对于中等中心距的带传动，带的张紧程度以大拇指能将带按下 15mm 为宜，见图 6-12。新带使用前，最好预先拉紧一段时间后再使用。严禁用其他工具强行撬入或撬出，以免对带造成不必要的损坏。

2. 安装带时，两带轮轴线应相互平行，其 V 形槽对称平面应重合，偏差不超过 20°，见图 6-13。

3. V 带在槽轮中应使顶面与带轮外缘平齐或略高出一些，底面与槽底间留有一定间隙，见图 6-14。

4. 同组使用的带应型号相同，长度相等，以免各带受力不均。

图 6-12　V 带张紧程度

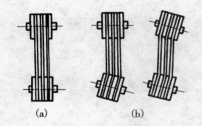

图 6-13　V 带和带轮安装
(a) 理想位置　(b) 允许位置

图 6-14　V 带在轮槽中位置
(a) 正确　(b) 不正确　(c) 不正确

5. 使用过程中应定期检查和调整。

（三）带传动的维护

1. 为保证安全生产和清洁，给 V 带加装防护罩，同时防止油、酸、碱对带的腐蚀。

2. 定期对带进行检查，有无松弛和断裂现象，如有一根松弛或断裂则应全部更换新带。

3. 禁止给带轮加润滑剂，应及时清除带轮槽及带上的油污。

4. 带传动工作温度不应过高，一般不超过 60℃。

5. 若带传动久置后再用，应将传动带放松。

（四）提高带传动工作能力的措施

1. 增大摩擦系数　摩擦式带传动摩擦系数越大，传动能力越强。所以，可通过选择合适的材料等增大摩擦系数，以提高带传动的工作能力。

2. 增大包角　包角指带与带轮接触弧所对应的圆心角。包角越大则接触面积越大，摩擦力也越大，传动能力也越强。一般采用增大中心距、减小传动比以及在带传动外侧安装张紧轮等方法增大包角。要求小带轮包角 α 大于等于 120°。

3. 保持适当的张紧力　张紧力越大，摩擦力也越大，传动能力也越强。但张紧力太大会导致带的寿命缩短。

4. 其他措施　如采用新型带、采用高强度材料作为带的强力层等，都可以提高带传动的传动能力。

第三节　同步带传动

看一看

图 6-15　同步传动带的使用

观察图 6-15 所示同步传动带的使用。

想一想

汽车发动机、数控机床为什么使用同步带传动？一般在什么位置使用同步带传动？

一、同步带传动的特点和应用

同步带工作面有齿，带轮的轮缘表面有相应的齿，带与带轮依靠啮合进行传动，因此带与带轮间没有相对滑动，故称同步带传动。同步带传动综合了带传动和齿轮传动的特点，由强力层1、带齿2、带背3组成，其中强力层以钢丝绳或玻璃纤维绳作为抗拉体。同步带结构见图 6-16，同步带与带轮啮合见图 6-17。

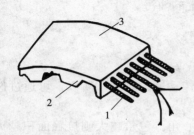

图 6-16　同步带结构

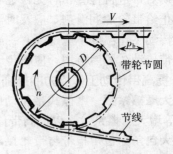

图 6-17　同步带与带轮啮合

1. 同步带传动的优点

（1）无相对滑动，带长不变，传动比稳定。

（2）带薄而轻，强力层强度高，适用于高速传动，线速度可达 80m/s。

（3）带的柔性好，可用直径较小的带轮，传动结构紧凑，能获得较大的传动比。

（4）传动效率高，可达 99%，因而应用日益广泛。

（5）初拉力较小，故轴和轴承上所受的载荷小。

2. 同步带传动的缺点　制造工艺复杂、安装精度要求较高、成本高。

3. 同步带传动的用途　主要用于要求传动比准确的中、小功率传动中，如计算机、录音机、磨床、数控机床、纺织机械和汽车等机械。

二、同步带的参数、形式

1. 同步带的参数　节距 p_b，模数 m，并且 $m = p_b/\pi$。

2. 同步带的形式　同步带的工作齿面分为梯形齿和弧形齿两大类。从结构上又有单面带和双面带。双面带的带齿排列分为 DA 型和 DB 型两种形式，见图 6-18。

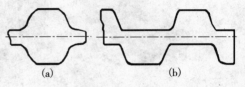

图 6-18　双面同步带
(a) DA 型　(b) DB 型

练　习　题

一、填空题

1. 带传动是由 _____ 、 _____ 、 _____ 及机架组成。带传动用于传递 _____ 和 _____ ，是机械传动中重要的传动形式之一。

2. V带已标准化，国家标准规定的普通V带按截面尺寸由小到大有 _____ 七种型号。

3. 为了使带传动可靠，一般要求小带轮包角 α 为 _____ 。

4. V带的外表面印有"C2500"，它表明该V带是 _____ 、 _____ 为2 500mm。

5. 通常带传动的张紧使用两种方式，即 _____ 和 _____ 方式。

二、判断题

1. 一般在相同条件下，V带传递动力的能力比平带大三倍。（　　　）

2. 平带与V带的共同特点是结构简单，适用两轴中心距较远的场合。（　　　）

3. 一组V带中有一根带损坏，只要更换该根V带即可。（　　　）

第七章 齿轮传动与链传动

第一节 齿轮传动概述

齿轮传动是最主要的机械传动形式之一，是利用齿轮副的啮合实现传动。它的主要作用是传递能量、分配能量、改变转速及改变运动形式等。齿轮传动在金属切削机床、工程机械、冶金机械等机械设备中应用广泛。

 看一看

观察图 7-1 所示齿轮传动。

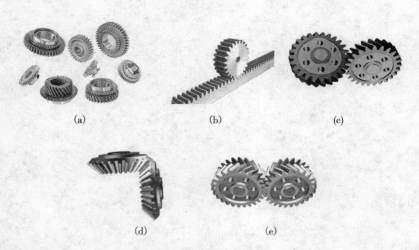

(a)   (b)   (c)

(d)   (e)

图 7-1 各种齿轮传动

(a) 圆柱齿轮 (b) 齿轮齿条 (c) 斜齿轮 (d) 锥齿轮 (e) 人字齿轮

想一想
说出这些齿轮传动类型的名称?

一、齿轮传动的类型及应用

齿轮传动由主动轮、从动轮和机架组成。齿轮传动用于传递任意两轴间的运动和动力，是靠主动轮与从动轮的轮齿直接啮合来传递运动和动力。齿轮传动类型、特点及应用见表7-1。

表 7-1 齿轮传动类型、特点及应用

分 类		名 称	图 例	特点及应用
平面齿轮传动	两轴平行	直齿圆柱齿轮传动		两齿轮旋向相反。制造简单，传动平稳性差，承载能力低，多用于速度低的场合
		斜齿圆柱齿轮传动		两齿轮旋向相反。传动平稳，承载能力强，多用于速度较高、载荷大、结构紧凑的场合
		人字齿圆柱齿轮传动		两齿轮旋向相反。传动平稳，承载能力强，多用于载荷大，加工要求高的场合
		齿轮齿条传动		能实现旋转运动变为直线运动，或直线运动变为旋转运动
		内啮合齿轮传动		两齿轮旋向相同，结构紧凑，用于轮系
空间齿轮传动	相交轴齿轮传动	直齿锥齿轮传动		制造与安装方便，传动平稳性差，承载能力低，用于速度低、载荷小、传动平稳的场合

（续）

分　类		名　称	图　例	特点及应用
空间齿轮传动	交错轴齿轮传动	曲齿锥齿轮传动		工作平稳，承载能力强，用于速度高及载荷较大的场合
		交错轴斜齿轮传动		两齿轮点接触，效率低，用于载荷小，速度较低传动

二、齿轮传动的应用特点

1. 传动比　在某齿轮传动中，主动齿轮与从动齿轮齿数分别为 z_1 和 z_2，主动齿轮与从动齿轮转速分别为 n_1 和 n_2，主动齿轮转过一个齿，从动齿轮也转过一个齿。单位时间内主、从动轮转过的齿数相同，传动比单位为 r/min，即

$$n_1 z_1 = n_2 z_2$$

$$i_{12} = n_1/n_2 = z_2/z_1 \tag{7-1}$$

式（7-1）说明：齿轮传动比是主动齿轮转速与从动齿轮转速之比，也等于两齿轮齿数的反比。

2. 应用特点

（1）传递功率和圆周速度范围广，效率高。

（2）寿命长，工作平稳，可靠性高，传递运动准确可靠。

（3）能保证恒定的传动比，能传递任意夹角两轴间的运动。

（4）制造、安装精度要求较高，因而成本也较高。

（5）不宜做轴间距离过大的传动。

（6）运转中有振动、冲击、噪声。

（7）不能实现无级变速，齿轮安装要求高。

 练一练

请说出齿轮传动与带传动的区别？

第二节　渐开线齿廓的形成及啮合特点

想一想

　　渐开线齿廓的齿轮为什么在生产中广泛使用？

一、渐开线齿廓的形成

　　在图 7-2 中，当一直线 KB 沿一个半径为 r_b 的圆周做纯滚动时，该直线上任一点 K 的轨迹 AK 称为该圆的渐开线。这个圆称为基圆，该直线称为渐开线的发生线。

　　渐开线齿轮的轮齿由两条对称的渐开线齿廓形成。

二、渐开线性质

　　1. 发生线沿基圆滚过的线段长度等于基圆上被滚过的相应弧长，即弧 AB 长等于线段 BK 长。

　　2. 渐开线上任意一点法线必然与基圆相切。因为当发生线在基圆上做纯滚动时，B 点为渐开线上 K 点的曲率中心，BK 为其曲率半径和 K 点的法线。

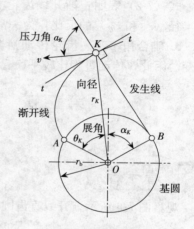

图 7-2　渐开线形成

　　3. 渐开线齿廓上某点的法线与该点的速度方向所夹的锐角称为该点的压力角。齿廓上各点压力角是变化的，见图 7-3。

　　4. 渐开线的形状只取决于基圆大小，见图 7-4。

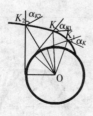

图 7-3　渐开线各点不同压力角

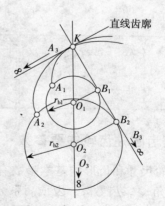

图 7-4　渐开线形状与基圆大小关系

　　5. 基圆内无渐开线。

三、渐开线齿廓啮合特性

1. 四线合一 两齿轮基圆的内公切线、两轮齿廓的法线（公法线）、啮合线、正压力作用线四线合一。渐开线齿廓啮合见图 7-5。

2. 保持传动比恒定 由于啮合线为一条定直线，故 C 点为一定点，所以能实现定传动比传动。

$$i_{12} = \frac{\omega_1}{\omega_2} = \frac{O_2 C}{O_1 C} = \frac{r_2'}{r_1'} = \frac{r_{b2}}{r_{b1}} \qquad (7-2)$$

式（7-2）表明：渐开线齿轮的传动比（i_{12}）等于两轮基圆半径（r_{b1} 和 r_{b2}）的反比，为一常数。

3. 啮合角不变 齿轮传动啮合角不变，正压力的大小也不变。因此，传动过程比较平稳。

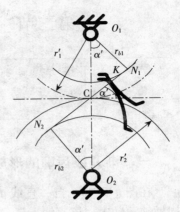

图 7-5 渐开线齿廓啮合

第三节 标准直齿圆柱齿轮的基本参数和几何尺寸计算

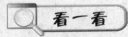

观察图 7-6 所示渐开线直齿圆柱齿轮。

图 7-6 渐开线直齿圆柱齿轮

想一想

你知道图 7-6 中渐开线直齿圆柱齿轮齿廓各部分名称吗？如何确定齿轮齿数、大小？

一、直齿圆柱齿轮主要参数

决定齿轮尺寸和齿形的基本参数有五个：齿轮的模数 m、压力角 α、齿数 z、齿顶高系数 h_a^* 及顶隙系数 c^*。以上参数，除齿数 z 外均已标准化。

1. 齿数（z） 在齿轮圆周上，均匀分布的轮齿的数目称为齿数，用 z 表示。模数相同时，齿数不同，齿形也不同，见图 7-7。

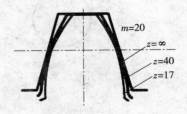

图 7-7 不同齿数时齿形

2. 压力角（α） 在齿轮传动中，齿廓曲线和分度圆交点处的速度方向与该点的法线方向（即力的作用方向）之间的所夹锐角称为分度圆压力角，用 α 表示。国家标准规定渐开线圆柱齿轮的压力角为 α＝20°。在渐开线圆柱齿轮的基准齿形中，也用齿形角表示。

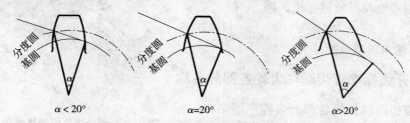

图 7-8　齿形角对齿形影响

从图 7-8 中看出齿形角对齿形的影响，在分度圆半径 r 不变时，分度圆齿形角减小，齿顶变宽，齿根变窄，轮齿承载能力下降；分度圆齿形角增大，齿顶变窄，齿根变宽，轮齿承载能力增大，但传动困难。

3. 模数（m） 齿距与圆周率所得的商称为模数，即 $m＝p/\pi$，单位为 mm，为了便于齿轮设计制造，模数已经标准化，我国规定标准模数值见表 7-2。

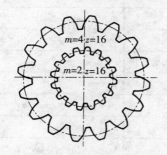

图 7-9　相同齿数、不同模数下齿轮轮齿大小　　图 7-10　相同分度圆不同模数的齿轮轮齿大小

结论：齿数相等的齿轮，模数越大，齿轮尺寸越大，轮齿越大，承载能力越强。

相同齿数、不同模数下齿轮轮齿大小见图 7-9，相同分度圆不同模数的齿轮轮齿大小见图 7-10。

表 7-2　**标准模数系列表**（GB1357—87）

第一系列	0.1	0.12	0.15	0.2	0.25	0.3	0.4	0.5	0.6	0.8	1	1.25	1.5	2
	2.5	3	4	5	6	8	10	12	16	20	25	32	40	50
第二系列	0.35	0.7	0.9	1.75	2.25	2.75	(3.25)	3.5	(3.75)	4.5	5.5			
	(6.5)	7	(11)	14	18	22	28	36	45					

4. 齿顶高系数（h_a^*） 轮齿上介于齿顶圆和分度圆之间的部分称为齿顶，其径向高度称为齿顶高，用 h_a 表示。为了以模数 m 表示齿轮的几何尺寸，对标准齿轮规定齿顶高与模数成正比，即

$$h_a＝h_a^* m \qquad (7-3)$$

5. 顶隙系数（c^*）

轮齿的齿根与另一轮齿的齿底之间径向间隙，称为顶隙。顶隙的作用有方便存油滑油，也可以方便加工，防止啮合时齿顶和齿根干涩等作用。对标准齿轮，规定顶隙与模数成正比，即

$$c = c_a^* m \qquad (7\text{-}4)$$

式中 c_a^* 称为顶隙系数。

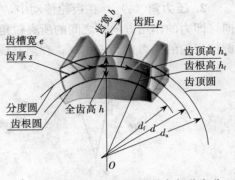

图 7-11　渐开线直齿圆柱齿轮各部分名称

二、渐开线标准直齿圆柱齿轮各部分名称

渐开线直齿圆柱齿轮各部分名称见图 7-11，标准直齿圆柱齿轮各部分名称及计算公式见表 7-3。

表 7-3　标准直齿圆柱齿轮各部分名称及计算公式

名称	代号	定　义	计算公式
分度圆直径	d	圆柱齿轮上，齿厚与齿槽宽相等处圆周	$d = mz$
齿顶圆直径	d_a	圆柱齿轮上，其齿顶所在圆周	$d_a = d + 2h_a = m(z+2)$
齿根圆直径	d_f	圆柱齿轮上，其齿根所在圆周	$d_f = d - 2h_f = m(z-2.5)$
基圆直径	d_b	渐开线的发生圆	$d_b = d\cos\alpha$
齿厚	s	在齿轮端平面上，沿分度圆量的齿廓两侧端面弧长	$s = p/\pi = \pi m/2$
齿槽宽	e	在齿轮端平面上，沿分度圆量的一个齿槽两侧齿廓弧长	$e = p/\pi = \pi m/2$
齿距	p	相邻两齿且同侧端面齿廓之间的分度圆弧长	$p = \pi m$
基圆齿距	p_b	相邻两齿且同侧端面齿廓之间的基圆弧长	$p_b = p\cos\alpha = \pi m\cos\alpha$
齿顶高	h_a	齿顶圆与分度圆之间径向距离	$h_a = h_a^* m$
齿根高	h_f	分度圆与齿根圆之间径向距离	$h_f = (h_a^* + c_a^*)m = 1.25m$
齿高	h	齿顶圆与齿根圆之间径向距离	$h = h_a + h_f = 2.25m$
标准中心距	a	一对标准齿轮啮合时，两齿轮圆心之间距离	$a = (d_1 + d_2)/2 = m(z_1 + z_2)/2$
齿宽	b	齿轮齿部沿齿轮轴向量得长度	$b = (6\sim12)m$，常取 $b = 10m$

注：表中公式适用于外啮合齿轮，对于内啮合齿轮变换公式中加减号即可。

【例】已知一标准直齿圆柱齿轮，齿数 $z = 30$，齿根圆直径 $d_f = 192.5\text{mm}$，试求齿距 p、分度圆直径 d、齿顶圆直径 d_a 和齿高 h。

解：(1) 求模数 m：

$$d_f = d - 2h_f = m(z-2.5),$$
$$m = d_f/(z-2.5) = 192.5/(30-2.5) = 7 \text{ (mm)}$$

(2) 求齿距 p：

$$p = \pi m = 3.14 \times 7 = 21.98 \text{ (mm)}$$

(3) 求分度圆直径 d：

$$d = mz = 7 \times 30 = 210 \text{ (mm)}$$

(4) 求齿顶圆直径 d_a：

$$d_a = d + 2h_a = m(z+2) = 7 \times (30+2) = 224 \text{ (mm)}$$

（5）求齿高 h：

$$h = h_a + h_f = 2.25m = 2.25 \times 7 = 15.75 \text{ （mm）}$$

三、直齿圆柱齿轮传动正确啮合条件和连续传动条件

1. 正确啮合条件　为了保证前后两对齿轮能在啮合线上同时接触而又不产生干涉，则必须使两轮的相邻两齿同侧齿廓沿啮合线上距离（法向齿距）相等，渐开线齿轮正确啮合条件见图 7-12。由渐开线性质可知，法向齿距与基圆齿距相等，即

$$P_{b1} = P_{b2} ,$$
$$P_{b1} = \pi m_1 \cos \alpha_1 ,$$
$$P_{b2} = \pi m_2 \cos \alpha_2 ,$$
$$\pi m_1 \cos \alpha_1 = \pi m_2 \cos \alpha_2 \qquad (7\text{-}5)$$

齿轮正确啮合条件为：

（1）两齿轮的压力角必须相等，$\alpha_1 = \alpha_2 = \alpha$。

（2）两齿轮的模数必须相等，$m_1 = m_2 = m$。

2. 连续传动条件　为了保证齿轮传动连续性，必须保证前一对轮齿尚未脱离啮合时，后一对轮齿就应进入啮合。为了满足连续传动要求，前一对轮齿齿廓到达啮合终点 B_2 时，尚未脱离啮合时，后一对轮齿开始在啮合始点 B_1 点，保证在啮合线段 B_1B_2 上至少有两对轮齿同时啮合，达到传动的连续性，见图 7-13。

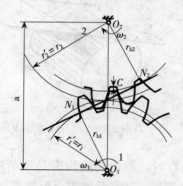

图 7-12　渐开线齿轮正确啮合条件

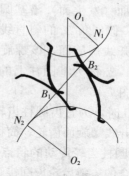

图 7-13　渐开线齿轮连续传动

练一练

1. 齿轮的基本参数有哪些？对齿轮形状会产生什么影响？

2. 为了保证齿轮能连续转动，需要具备什么条件？

第四节　其他齿轮传动概述

观察图 7-14 所示的齿轮传动。

(a)　　　　　　　　　(b)　　　　　　　　　(c)

图 7-14　其他齿轮传动

(a) 钟表　　(b) 变速器　　(c) 千分表

想一想

汽车手动变速器、主减速器、百分表与机械手表各使用的齿轮传动类型是什么？

一、斜齿圆柱齿轮传动

1. 斜齿圆柱齿轮的形成　斜齿圆柱齿轮是齿线为螺旋线的圆柱齿轮，齿面制成渐开线螺旋面，其形成是一平面（发生面）沿基圆柱做纯滚动时，其上与母线成一倾斜角 β_b 的斜直线 KK 在空间所走过的轨迹为渐开线螺旋面，该螺旋面即为斜齿圆柱齿轮齿廓曲面，β_b 称为基圆柱上的螺旋角。渐开线螺旋面形成见图 7-15。

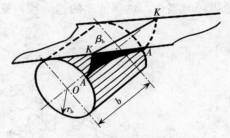

图 7-15　渐开线螺旋面形成

当 $\beta_b = 0$ 时，为直齿圆柱齿轮；当 $\beta_b \neq 0$ 时，为斜齿圆柱渐开线螺旋面齿轮，简称斜齿圆柱齿轮。

2. 斜齿圆柱齿轮传动的特点　斜齿圆柱齿轮啮合时，斜齿轮的齿廓是逐渐进入啮合、逐渐脱离啮合的。斜齿轮齿廓接触线的长度由零逐渐增加，又逐渐缩短直至脱离，载荷不是突然加上或卸下的，因此工作较平稳。广泛用于高速重载传动中。直齿圆柱齿轮齿面接触线见图 7-16，斜齿圆柱齿轮齿面接触线见图 7-17。

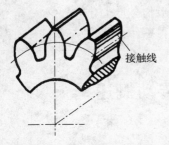

图 7-16　直齿圆柱齿轮齿面接触线

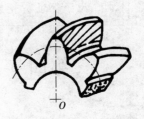

图 7-17　斜齿圆柱齿轮齿面接触线

3. 斜齿圆柱齿轮传动特点

①重合度大，传动平稳，承载能力高，适用于大功率传动。

②承载、卸载平稳，冲击、振动和噪声小，适用于高速传动。

③比直齿轮小，结构更紧凑，使用寿命长。

④传动时产生轴向力，需要安装能承受轴向力的轴承。

4. 斜齿圆柱齿轮的主要参数 斜齿轮的轮齿为螺旋形，在垂直于齿轮轴线的端面（下标以 t 表示）和垂直于齿廓螺旋面的法面（下标以 n 表示）上有不同的参数。斜齿轮的端面是标准的渐开线，但从斜齿轮的加工和受力角度看，斜齿轮的法面参数为标准值。

（1）螺旋角 β：是指分度圆柱上螺旋线的切线与过该点圆柱直母线夹角。螺旋角越大，轴向力越大。一般 $\beta=8°\sim20°$。

斜齿圆柱齿轮螺旋方向可分为左旋和右旋。判断方法为：将齿轮轴线垂直放置，轮齿自左到右上升为右旋，反之为左旋。

（2）模数：分端面模数 m_t 和法面模数 m_n，

$$m_n = m_t \cos\beta \quad (m_n = m \text{ 为标准值}) \tag{7-6}$$

（3）压力角 α（齿形角）：分端面压力角 α_t 和法向压力角 α_n，规定法向压力角 α_n 为标准值，即 $\alpha_n=\alpha=20°$。

5. 正确啮合的条件 一对外啮合斜齿轮传动的正确啮合条件为：

（1）两斜齿轮的法面模数相等。

（2）两斜齿轮的法面压力角相等。

（3）两斜齿轮的螺旋角大小相等，方向相反。

二、直齿圆锥齿轮传动

1. 圆锥齿轮机构的特点、应用及啮合条件

（1）特点：圆锥齿轮机构是用来传递空间两相交轴之间运动和动力的一种齿轮机构。一对圆锥齿轮两轴线间的夹角∑称为轴角。其值可根据传动需要任意选取，在一般机械中，多取∑＝90°。其轮齿分布在截圆锥体上，齿形从大端到小端逐渐变小。为计算和测量方便，规定大端参数为标准值。直齿锥齿轮传动见图 7-18。

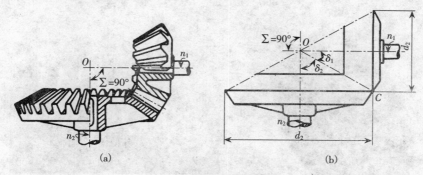

图 7-18　直齿锥齿轮传动

（2）应用：

①直齿圆锥齿轮。由于设计、制造、安装方便，应用最广。

②曲齿圆锥齿轮。传动平稳、承载能力强，用于高速，重载传动。

③斜齿圆锥齿轮。介于两者之间，传动较平稳，设计较简单。

（3）正确啮合条件：

①大端端面模数相等即 $m_{t1} = m_{t2} = m$。

②大端压力角相等即 $\alpha_{t1} = \alpha_{t2} = \alpha$。

三、齿轮齿条传动

1. 特点　齿轮与齿条直接啮合，将齿轮的旋转运动转化为齿条的直线往复运动。齿条见图 7-19。

2. 齿条与齿轮不同点

（1）齿条齿廓上各点的压力角相等。其大小等于齿廓的倾斜角（取标准值 20°），通称为齿形角。

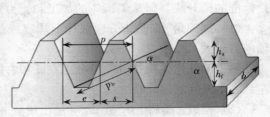

图 7-19　齿　条

（2）无论在中线上或与其平行的其他直线上，其齿距都相等。

3. 齿条移动速度 v 和距离 L

齿条移动速度公式为：

$$v = n_1 \pi d_1 = n_1 \pi m z_1 \quad (\text{mm/min}) \tag{7-7}$$

齿条移动距离公式为：

$$L = \pi d_1 = \pi m z_1 \quad (\text{mm}) \tag{7-8}$$

式中：n_1、z_1、d_1 为齿轮转速、齿数、分度圆直径。

第五节　齿轮传动失效形式

看一看

观察图 7-20 所示齿轮传动失效形式。

（a）　　　　　　　　　　　　（b）

图 7-20　齿轮传动失效形式

（a）断齿　（b）磨损

想一想

齿轮失效形式有哪些?

机械零件由于强度、刚度、耐磨性和振动稳定性等因素，失去正常工作能力，称为失效。机械零件在变应力作用下引起的破坏称为疲劳破坏，机械零件抵抗疲劳破坏的能力称为疲劳强度。齿轮传动的失效主要是轮齿的失效。轮齿失效形式多种多样，较为常见的有轮齿折断、齿面点蚀、齿面磨损、齿面胶合以及塑性变形等几种形式。

一、轮齿折断

齿轮在传动中，轮齿受载后齿根受到很大弯矩，并产生应力集中。当该应力值超过材料的弯曲疲劳极限时，齿根处产生疲劳裂纹，并不断扩展使轮齿断裂，称为疲劳折断。此外，短期过载或受到较大冲击载荷突然折断称为过载折断。严重磨损及安装制造误差等也会造成轮齿折断。轮齿折断见图 7-21。

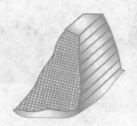

图 7-21　轮齿折断

提高轮齿抗折断能力的措施：选择适当的模数和齿宽，增大齿根圆角半径，消除加工刀痕以降低齿根应力集中，对轮齿进行表面处理以提高齿面硬度。

二、齿面磨损

灰尘、砂粒、金属微粒等落入轮齿间，会使齿面间产生摩擦磨损。严重时会因齿面减薄过多而折断。齿面磨损（图 7-22）是开式传动的主要失效形式。

图 7-22　齿面磨损

减少齿面磨损主要措施：采用闭式传动，提高齿面硬度，降低齿面粗糙度，使用清洁的润滑油。

三、齿面点蚀

齿面点蚀是轮齿工作面某一固定点受到近似由大到小交替的变应力作用，由于疲劳而产生的麻点状剥蚀损伤的现象。点蚀是闭式传动常见的失效形式，点蚀首先出现在节线附近。齿面点蚀（图7-23）后齿廓被损坏，传动不平稳、产生噪声。

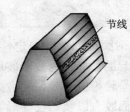

图 7-23 齿面点蚀

减少齿面点蚀主要措施： 提高齿面硬度，降低齿面粗糙度，增大润滑油黏度，采用合理变位。

四、齿面胶合

高速重载传动中，齿面间压力大，瞬时温度高，润滑油膜被破坏，齿面间会发生黏接在一起的现象，在轮齿表面沿滑动方向出现条状撕裂沟痕，称为齿面胶合，见图7-24。

防止胶合的措施： 提高齿面硬度，降低齿面粗糙度，增大润滑油黏度或在润滑油中加入抗胶合添加剂，限制油温。

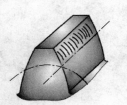

图 7-24 齿面胶合

五、齿面塑性变形

齿面较软的轮齿表面，若频繁启动和严重过载，摩擦力会很大，齿面上沿摩擦力方向会产生塑性变形。主动齿轮齿面所受摩擦力背离节线，齿面在节线附近下凹；从动齿轮齿面所受摩擦力指向节线，齿面在节线附近上凸。齿面塑性变形见图7-25。

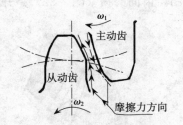

图 7-25 齿面塑性变形

齿轮的失效形式与齿轮传动的工作条件、齿轮材料、不同热处理工艺、齿轮自身尺寸、齿廓形状、加工精度、工作中润滑有关。在开式齿轮传动中，可能发生齿面磨损和轮齿折断。在闭式齿轮传动中，可能发生齿面点蚀、齿面胶合和轮齿折断。

练一练

齿轮轮齿折断、齿面磨损、齿面点蚀、齿面胶合、齿面塑性变形在什么条件下产生？如何避免？

第六节　链　传　动

看一看

观察图 7-26 所示使用链传动的机械设备。

图 7-26　链传动

想一想

链传动除在摩托车、农业机械上应用之外，还在什么机械上使用？

一、链传动概述

1. 工作原理和特点　链传动机构由主动链轮 1、从动链轮 2 和绕在链轮上的链条 3 组成。链传动以中间挠性件链条与链轮轮齿的啮合来传递平行轴间的运动和动力。链传动见图 7-27。

（1）链传动特点：

①优点。

图 7-27　链传动

a. 没有滑动，能保持准确的平均传动比。主动链轮齿数为 z_1、转速为 n_1，从动链轮齿数为 z_2、转速为 n_2，传动比公式为：

$$i = n_1/n_2 = z_2/z_1 \text{（传动比与齿数成反比）} \tag{7-9}$$

b. 传动效率高，可达 0.98。

c. 链条对轴的压力小，在相同使用条件下结构更紧凑。

d. 链条的磨损伸长较缓慢，张紧调节工作量小，能在恶劣的环境中工作（低速、重载、高温、尘土飞扬、淋水、淋油等不良环境中工作）。

②缺点。

a. 不能保证瞬时传动比恒定，工作时有噪声。

b. 磨损后易发生跳齿，不适用于中心距小及急速反向传动的场合。

c. 安装维护要求高，无过载保护作用。

（2）应用：用于两轴平行、中心距较远（6～10m）、传递功率较大、不适合采用带传动或齿轮传动的场合，如运输起重机械、农业机械、机床、汽车、摩托车、自行车等机械传动中。

二、链传动的类型

链传动的类型很多，按用途分为传动链、起重链、输送链。链传动类型、组成及特点见表 7-4。

（1）传动链：主要用于传递运动和动力，也用于输送等场合。

（2）起重链：用于起重机械中提升重物。

（3）输送链：用于输送工件、物品和材料。

表 7-4　链传动类型、组成及特点

类型	图示	组成	特点
滚子链		内、外链板，销轴，套筒，滚子	结构简单，重量较轻，可组装成单排、双排或多排，以适应所传递的功率。用于低速、动力传动、拽引提升，配上各种附件，可以供输送用
套筒链		内、外链板，销轴，套筒	除具有滚子链的特点外，链与链轮啮合为滚动摩擦，减少了链与链齿的磨损，可用于轻载高速传动
弯板滚子链		弯板、套筒、销轴、滚子	弯板是弯曲的，能适应冲击载荷，易于接长和缩短链条。适用于低速重载、有冲击的传动。如建筑机械、履带式车辆等
齿形链		外链板、套筒、齿形板、销轴	由多个链片铰接而成，链片与轮齿做楔入啮合，传动平稳无噪声，可靠性高。适用于高速或运动精度要求高的传动，用于大功率、较大传动比场合，也用于传动平稳无噪声传动，如磨床、汽车等
铰卷式平顶链		带铰卷的链板、销轴组成，形成连续的平顶面	主要用于罐装生产线的输送设备。可避免罐装容器的磕碰，保持容器的清洁
焊接弯板链		无滚子，套筒与两侧链板相焊接，销轴组成	结构简单，适用于低速重载冲击较大等工作条件恶劣的场合，可用于传动、起重或拽引

（续）

类型	图 示	组 成	特 点
板式链		由多片链板用销轴连接而成，可组成多种组合方式	用于起重和平衡装置，如叉车、往复运动机构

三、滚子链的主要参数

1. 节距 链条的相邻两销轴中心线之间的距离。链条的节距大，链条的结构尺寸、承载能力强，但传动的振动、冲击、噪声大。在承载大载荷、大功率时，选用多排链，多用双排或三排，四排以上很少使用。

2. 节数 滚子用链节表示长度。链节数一般选用偶数，连接头处用开口销或弹簧卡锁定，弹簧卡开口方向与链条运动方向相反；链节数为奇数，采用过渡链节连接。

四、链传动的失效形式

1. 链板的疲劳破坏。
2. 链条铰链的磨损。
3. 销轴与套筒的胶合。
4. 链条的拉断。

五、链传动的润滑

链传动在使用前和使用过程中要进行必要润滑。链条润滑一般选择以下方法：
1. 毛刷润滑。
2. 滴油润滑。
3. 油浴或油盘润滑。
4. 喷油润滑。

六、链传动的张紧

1. 通过调整链轮中心距来张紧链条。
2. 采用张紧轮张紧，张紧轮常设在链条松边的内侧或外侧，松边靠近小链轮。
3. 拆除1～2个链节，缩短链长，使链张紧。

练一练

链传动的张紧方式有几种？与带传动张紧有何区别？

练 习 题

一、选择题

1. 齿轮传动中大体有三种齿廓曲线的齿轮，其中（　　）制造容易、便于安装、互换性好，应用最广。

    A. 渐开线   B. 摆线   C. 圆弧

2. 齿轮传动能保证两轮（   ）恒等于常数。

    A. 传动比   B. 平均传动比   C. 瞬时传动比

3. 斜齿圆柱齿轮传动与直齿圆柱齿轮传动相比最大的优点是（   ）。

    A. 传动效率高   B. 传动比恒定   C. 传动平稳、噪声小

4. 能保持准确传动比的传动是（   ）。

    A. 链传动   B. 齿轮传动   C. 带传动

5. 标准直齿圆锥齿轮的几何参数标准值在齿轮的（   ）。

    A. 小端   B. 大端   C. 中间   D. 齿槽宽与齿厚相等处

二、填空题

1. 渐开线直齿圆柱齿轮正确啮合条件为：两轮的_____和_____必须分别相等并为标准值。

2. 齿轮传动常见的失效形式有_____、_____、齿面磨损、_____以及塑性变形等几种。

3. 对于高速或低速重载的齿轮传动，容易发生_____的失效形式。

4. 按用途不同，链传动可分为_____、_____和_____。常用的传动链主要有_____和_____两种。一般所说的链传动即指_____传动。

5. 当链节数为奇数时，需用过渡链节，但工作时受到附加弯矩，使链条的承载能力降低20%，因此应尽量采用_____链节。

三、判断题

1. 渐开线形状取决于基圆的大小。（   ）

2. 在制造、安装过程中，一对相互啮合的齿轮的中心距的微小误差会改变其瞬时传动比，因此精度要求较高。（   ）

3. 一对相互啮合的斜齿轮，其旋向相同。（   ）

4. 两齿轮模数相同时，说明其渐开线齿廓曲线一致。（   ）

5. 斜齿圆柱齿轮螺旋角越大，轮齿越倾斜，则传动的平稳性越好，但轴向力也越大。（   ）

四、计算题

已知相啮合的一对标准直齿圆柱齿轮传动，主动轮转速 $n_1 = 900 \text{r/min}$，从动轮转速 $n_2 = 300 \text{r/min}$，中心距 $a = 200 \text{mm}$，模数 $m = 5 \text{mm}$，求齿数 z_1 和 z_2。

第八章 蜗杆传动

学习目标
- ● 熟悉蜗杆传动的组成、类型与特点。
- ● 掌握蜗杆传动旋向判断方法。
- ● 理解蜗杆传动主要参数与应用。
- ● 理解蜗杆传动的失效形式、润滑与散热。

第一节 概 述

观察图 8-1 所示的蜗杆传动实例。

图 8-1 蜗杆传动实例

想一想

蜗杆传动与齿轮传动比较有何不同？哪些机械使用蜗杆传动？

一、蜗杆传动组成

蜗杆传动由蜗轮和蜗杆组成，用于传递空间两交叉轴之间的运动和动力。通常交错角为 90°。一般蜗杆传动是蜗杆作为主动件带动从动蜗轮旋转。蜗杆传动见图 8-2。

蜗杆传动主要用于起重机械、升降电梯、汽车转向器、机床分度机构。

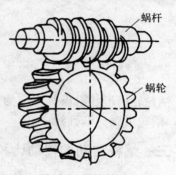

图 8-2 蜗杆传动

二、蜗杆传动类型

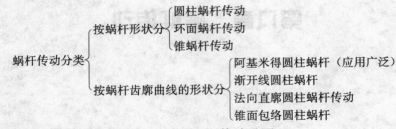

圆柱蜗杆传动、环面圆柱蜗杆传动、锥蜗杆传动见图8-3。

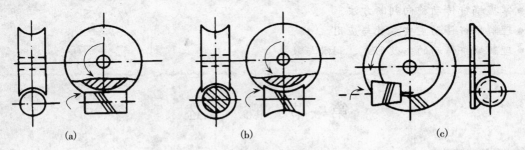

图 8-3　常见蜗杆传动
（a）圆柱蜗杆传动　（b）环面蜗杆传动　（c）锥蜗杆传动

阿基米得蜗杆特点：端面齿廓为阿基米得螺旋线，故称为阿基米得蜗杆。在轴向剖面 *I-I* 内的齿廓为等腰梯形，齿形角为 40°，在法向剖面 *N-N* 内的齿廓为曲线。加工、测量方便，应用广泛。阿基米得蜗杆见图8-4。

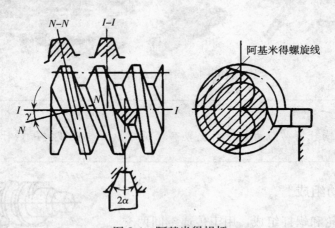

图 8-4　阿基米得蜗杆

蜗轮轮齿形状沿齿宽方向为凹圆弧，在中间平面（通过蜗杆轴线与蜗轮轴线垂直的平面），蜗轮齿廓为渐开线。

三、蜗杆传动的传动比和旋向判定

1. 蜗杆传动的传动比　在蜗杆传动中，是蜗杆带动蜗轮传递运动和动力，设蜗杆的头

数为 z_1、转速为 n_1，从动蜗轮齿数为 z_2、转速为 n_2，则传动比公式为：

$$i_{12} = \frac{n_1}{n_2} = \frac{z_2}{z_1} \tag{8-1}$$

结论：传动比与齿数成反比。蜗杆的头数取 z_1 为1、2、4、6。蜗杆的头数少，可获得大传动比，但传动效率低；蜗杆的头数多，加工困难，但传动效率高。

2. 蜗杆传动旋向判定　在蜗杆传动中，蜗杆、蜗轮齿的旋向应一致，即同为左旋或右旋。

首先判断蜗杆、蜗轮螺旋线方向（右手定则）：手心对着自己，四个手指顺蜗杆轴线方向，若齿的倾斜方向与拇指指向一致，则为右旋，反之为左旋，见图8-5。

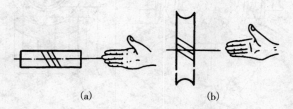

图 8-5　蜗杆蜗轮螺旋线旋向判定

(a) 右旋蜗杆　　(b) 右旋蜗轮

其次判断蜗轮回转方向（右手定则或左手定则）：若蜗杆螺旋线方向为右旋，则用右手定则，四指顺蜗杆回转方向弯曲，拇指伸直代表蜗杆轴线，与拇指相反的方向代表蜗轮啮合点线速度方向，而蜗轮回转方向与该点线速度方向一致。反之用左手定则，见图8-6。

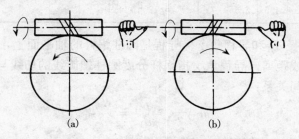

图 8-6　蜗轮旋转方向判定

(a) 右旋蜗杆传动　　(b) 左旋蜗杆传动

第二节　蜗杆传动的主要参数和正确啮合条件

想一想

蜗杆传动参数有哪些？对蜗杆传动工作性能有何影响？

在蜗杆传动中，蜗杆传动的基本参数和主要几何尺寸，均以中间平面内作为标准值。在中间平面内阿基米得蜗杆齿形为齿条，蜗轮为渐开线齿廓，蜗杆传动类似齿轮齿条传动。

一、蜗杆传动主要参数

1. 模数 m 和压力角 α 蜗杆轴向模数 m_{x1} 等于蜗轮端面模数 m_{t2} 即 $m_{x1} = m_{t2} = m$，蜗杆压力角 α_{x1} 等于蜗轮端面分度圆压力角 α_{t2} 即 $\alpha_{x1} = \alpha_{t2} = 20°$。

蜗杆传动中间平面内几何参数见图 8-7。蜗杆标准模数见表 8-1。

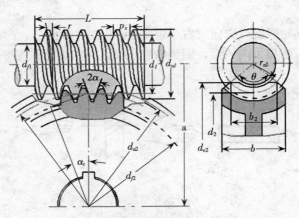

图 8-7 蜗杆传动中间平面内几何参数

表 8-1 蜗杆标准模数系列表（GB/T 10088—1988） 单位：mm

第一系列	1	1.25	1.6	2	2.5	3.15	4	5	6.3	8	10	12.5	16	20	25	31.5	40
第二系列	1.5	3	3.5	4.5	5.5	7	7	12	14								

2. 蜗杆分度圆直径 d_1 和导程角 γ 导程是圆柱蜗杆的轴平面上，同一条螺纹的两个相邻的同侧齿廓间的轴线距离。导程角 γ 指蜗杆分度圆柱螺旋线的切线与端平面之间夹角。在分度圆柱上，它们之间关系：

$$\tan \gamma = \frac{z_1 p_{x1}}{\pi d_1} = \frac{z_1 m}{d_1} \qquad (8-2)$$

式中：p_{x1} 为蜗杆导程，其值等于轴向齿距乘以头数。

结论：模数一定，如果导程角 γ 不同，直径不同的蜗杆，需要不同滚刀加工蜗轮，经济性差，所以将蜗杆分度圆直径加以限制，即规定了蜗杆直径系数 $q = d_1/m$。

3. 蜗杆头数 z_1 和蜗轮齿数 z_2 蜗杆头数一般推荐 z_1 为 1～4，最多 6。单头蜗杆容易切削，导程角小，自锁性好，效率低。蜗杆头数多，加工困难。

一般蜗轮齿数 z_2 为 29～70，通常蜗轮齿数用传动比计算，即

$$z_2 = i z_1 \qquad (8-3)$$

二、蜗杆传动正确啮合条件（在中间平面内）

蜗杆的轴向模数和蜗轮的端面模数，二者相等是蜗杆蜗轮啮合的必要条件之一。

蜗杆的轴向压力角 α_{x1} 等于蜗轮端面分度圆压力角 α_{t2}，二者相等是蜗杆蜗轮啮合的必要条件之二。

蜗杆螺旋线升角 λ 与蜗轮分度圆螺旋角 β_2 相等，且蜗杆蜗轮的螺旋方向相同则是二者啮合的又一必要条件。

第三节　蜗杆传动的应用特点

观察图 8-8 所示使用蜗杆传动的机械。

图 8-8　使用蜗杆传动的机械

想一想
蜗杆传动的其他应用？

一、蜗杆传动特点

1. 与其他传动机构相比，蜗杆传动的优点

（1）传动比大而准确，在动力传动中一般为 8～100，在分度机构中传动比可达1 000。

（2）传动平稳，承载能力大，噪声小，结构紧凑。

（3）反行程时可自锁，起安全保护（起重机）作用。

2. 缺点

（1）轮齿间相对滑动速度较大，发热量大，磨损较严重。

（2）蜗杆传动效率低，达 70％。

（3）蜗轮齿圈部分常用减摩性能好的有色金属（如青铜）制造，成本较高。

二、蜗杆传动失效形式

由于蜗轮材料强度低于蜗杆，失效通常发生在蜗轮轮齿上。在闭式传动中，蜗轮的主要失效形式是胶合与点蚀；在开式传动中，主要失效形式是磨损，过载时会发生轮齿折断。

三、蜗杆传动润滑与散热

蜗杆传动发热量大，为了减小摩擦与有利散热，防止胶合与减少磨损，提高传动效率，通常需要润滑。主要有油池和喷油润滑两种。在闭式传动中，在润滑同时，因发热量大，容易引起润滑油稀释和变质，故需要进行散热，散热方式见图 8-9。

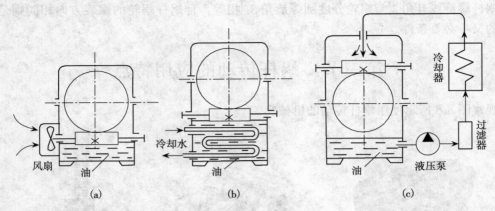

图 8-9　蜗杆传动冷却方式

(a) 风扇冷却　(b) 冷却管冷却　(c) 压力喷油冷却

练一练

升降机构中应用的蜗杆传动有什么特性?

练　习　题

一、填空题

1. 蜗杆传动用于传递_____轴之间的运动和动力。

2. 蜗杆传动的自锁,就是只能由_____带动_____,反之就不能传动。

3. 蜗轮的制造材料,常用的是青铜等_____材料。

4. 引入蜗杆直径系数并使之标准化是为了使刀具_____。

二、判断题

1. 蜗杆传动与其他齿轮传动相比较,不同点是传动比大,是其他齿轮机构所无法实现的。(　　)

2、蜗杆传动与齿轮传动相比,轮齿相互接触的时间较长,所以传动平稳。(　　)

三、计算题

已知一蜗杆传动,蜗杆头数 $z_1=2$,转速 $n_1=1\,450\text{r/min}$,蜗轮齿数 $z_2=62$,求蜗轮转速 n_2?

第九章 螺旋传动

第一节 螺纹种类和应用

观察图 9-1 所示螺纹。

图 9-1 螺纹的种类

想一想

这些螺纹的区别和应用场合？

螺旋运动是利用内、外螺纹组成的螺旋副将旋转运动转变为直线运动。如在螺旋千斤顶、台虎钳、机床进给机构、测量工具千分尺等设备中广泛运用。

螺旋运动由螺杆、螺母组成的螺旋副来实现传动。其中螺杆、螺母是由螺纹组成，螺纹类型很多，除传动外，大量还用于零件的连接。

一、螺纹的形成

在图 9-2 中，当圆柱上的一动点 A 绕直径 d_1 圆柱做匀速转动，并沿圆柱直母线

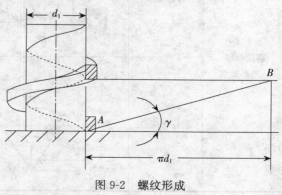

图 9-2 螺纹形成

做匀速轴向运动时，A 点的运动轨迹为圆柱螺旋线，将圆柱展开 A 点的运动轨迹为直角三角形的斜边 AB。

螺纹是在该圆柱面上沿该螺旋线所形成具有相同形状的突起或沟槽。按动点旋转方向分为左旋和右旋。

二、螺纹的分类和应用

1. 按照螺旋线绕行方向分　螺纹分为左旋螺纹和右旋螺纹。

螺纹旋向判定： 轴线垂直放置，螺旋线向左上升（左旋），螺旋线向右上升（右旋）。一般常用右旋螺纹。螺纹旋向见图9-3。

2. 按照螺旋线形成表面分　螺纹分为内螺纹和外螺纹。内、外螺纹配合才能形成螺旋副，见图9-4。

图 9-3　螺纹旋向
(a) 右旋螺纹　(b) 左旋螺纹

图 9-4　外螺纹和内螺纹
(a) 外螺纹　(b) 内螺纹

3. 按照螺纹牙型形状分　螺纹分为普通螺纹、圆柱管螺纹、锯齿形螺纹等。

螺纹类型、特点及应用见表9-1。

表 9-1　螺纹类型、特点及应用

螺纹种类	螺纹牙形	图　示	特点与应用
联接螺纹 （三角形螺纹）	普通螺纹		牙型为等边三角形，牙型角 $\alpha = 60°$。分粗牙和细牙。适用做零件连接。一般连接多用粗牙螺纹，细牙螺纹用于薄壁零件连接和微调机构
	圆柱管螺纹		牙型角 $\alpha = 55°$，螺纹副不具有密封性。用于水、油、气的管路以及电气管路系统的连接。圆锥管螺纹螺纹分布在 1∶16 的圆锥管上，能保证连接密封性，用于高温、高压和润滑系统

（续）

螺纹种类	螺纹牙形	图　示	特点与应用
传动螺纹	锯齿形螺纹	30°　　3°	牙型为锯齿形，牙根强度高，用于单向传力螺旋机构，用于压力机械、起重机械
	梯形螺纹	P　T　30°　h　B　N	牙型为等腰梯齿形，易加工、牙根强度高，用于机床设备螺旋传动中
	矩形螺纹	P　$\frac{P}{2}$　$\frac{P}{2}$	牙型为正方形，传动效率高，牙根强度低，加工困难，被锯齿形螺纹代替

4. 按照螺纹线数目（头数）分　螺纹分为单线螺纹、双线螺纹、多线螺纹，见图9-5。

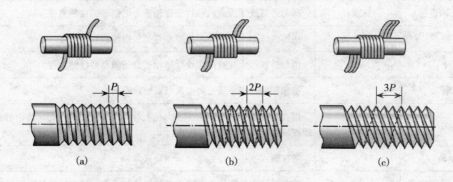

图 9-5　按螺纹线数目分
（a）单线螺纹　（b）双线螺纹　（c）三线螺纹

第二节 普通螺纹主要参数

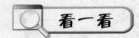

观察图 9-6 所示螺纹的主要参数。

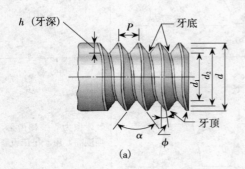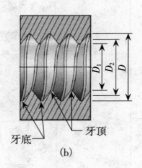

图 9-6 螺纹的主要参数
（a）外螺纹   （b）内螺纹

想一想
螺纹各部分名称？常说的粗、细牙如何区别？

螺纹的主要参数有大径、中径、小径、螺距、导程、牙型角、牙侧角和螺纹升角，以普通螺纹为例说明螺纹的主要参数，普通螺纹主要参数见表 9-2。螺旋线展开图见图 9-7。

表 9-2 普通螺纹主要参数

主要参数	代号	说　明
大径（公称直径）	D 或 d	指与外螺纹牙顶或内螺纹牙底相重合的假想圆柱的直径
中径	D_2 或 d_2	指螺纹压型上牙厚与牙槽宽相等处的假想圆柱的直径
小径	D_1 或 d_1	指与外螺纹牙底或内螺纹牙顶相重合的假想圆柱的直径
螺距	P	指相邻两牙在中径上对应两点间轴线距离
导程	P_h	指在一螺旋线上相邻两牙在中径上对应两点间轴线距离，其中**导程＝螺距×螺旋线数**
牙型角	α	指在螺纹牙型上，相邻两牙侧间夹角
螺纹升角（或导程角）	γ	指在螺纹中经圆柱上，螺旋线的切线与垂直于螺纹轴线的平面的夹角
线数	n	螺纹螺旋线数目，一般为便于制造，$n \leqslant 4$

注：三个直径中大写字母代表外螺纹、小写字母代表内螺纹。

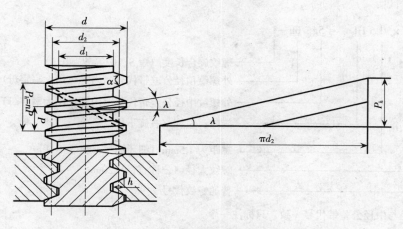

图 9-7　螺旋线展开图

练一练

购买螺栓时参考的参数有哪些?

第三节　螺纹代号和标记

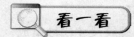

观察图·9-8 所示的螺纹代号和标记。

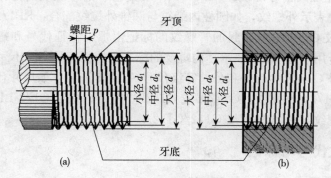

图 9-8　螺纹代号和标记
（a）外螺纹　（b）内螺纹

一、普通螺纹代号与标记

普通螺纹的完整标注：螺纹代号＋螺纹公差带代号＋螺纹旋合长度。螺纹代号，如 M20×1.5HL—5g 6h—L。

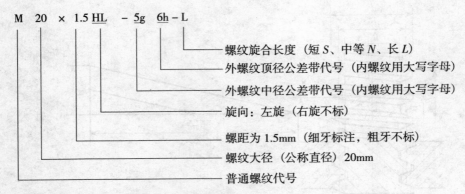

M 20 × 1.5 HL － 5g 6h－L
　　　　　　　　　　　　螺纹旋合长度（短 S、中等 N、长 L）
　　　　　　　　　　外螺纹顶径公差带代号（内螺纹用大写字母）
　　　　　　　　外螺纹中径公差带代号（内螺纹用大写字母）
　　　　　　旋向：左旋（右旋不标）
　　　　　螺距为 1.5mm（细牙标注，粗牙不标）
　　　　螺纹大径（公称直径）20mm
　　　普通螺纹代号

注：顶径与中径公差带代号一致，只标注一个。

二、管螺纹代号与标记

管螺纹主要用来进行管道的连接，使其内外螺纹的配合紧密，有直管和锥管两种。1987年以前，旧机械制图标准中螺纹代号来源于汉语拼音字母，管螺纹和锥管螺纹（无论是内螺纹还是外螺纹）只有"G"和"ZG"两个表示，"G"是管螺纹的"管"的汉语拼音的第一个字母，"ZG"是锥管螺纹的"锥管"的第一个字母，牙型角有55°或60°两种，要另外标明。

现有的标准做了较大修改：

1987年我国颁布了英制管螺纹标准，分为密封管螺纹和非密封管螺纹。

1. 密封管螺纹 R 用螺纹密封的管螺纹的标记由螺纹特征代号和螺纹尺寸代号组成。特征代号为：RC（圆锥内螺纹）、RP（圆柱内螺纹）、R（圆锥外螺纹），比如 RC1/2，RP1/8，R1 等等。左旋圆锥外螺纹：R1/2-LH。装配时，内外螺纹的标记用斜线分开，左边表示内螺纹，右边表示外螺纹，如圆柱内螺纹与圆锥外螺纹配合：RP1/2/R1/2。

2. 非密封管螺纹 G 非螺纹密封的管螺纹的标记由螺纹特征代号和螺纹尺寸代号公差等级组成，特征代号用字母"G"表示。内螺纹的标志为特征代号 G 和尺寸代号两项；外螺纹的标记为特征代号 G 与尺寸代号和公差等级代号 A 或 B 三项。如尺寸代号为 1/2 的管螺纹的标记为内螺纹G1/2，外螺纹：G1/2A 或 G1/2B，左旋内螺纹 G1/2-LH。

配合时，如内螺纹与 A 级外螺纹 G1/2/G1/2A。

三、梯形螺纹代号与标记

1. 梯形螺纹代号 Tr

（1）单线：公称直径×螺距，如 Tr40×7。

（2）多线：公称直径×导程（P 螺距），如 Tr40×14（P7）。

若为左旋时，在尺寸规格之后加注"LH"，如 Tr40×7LH。

2. 梯形螺纹标记 与普通螺纹类似，区别：①公差带代号只标注中径公差带，如 Tr40×7—7H；②旋合长度分 N、L 两组（旋合长度为 N 时不标注）。特殊需要时可用黑体旋合长度数值代替，如 Tr40×14（P7）—8e—L、Tr40×7—7e—**140**。

第四节 螺旋传动应用

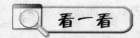

观察图 9-9 所示使用螺旋传动的机械设备。

图 9-9 使用螺旋传动的机械设备

 想一想
车床、台虎钳、三爪拉机中用螺纹实现何种运动?

螺旋传动具有结构简单,工作连续、平稳,传动精度高,易于自锁,广泛应用于各种机械和仪器中。

一、螺旋传动的组成、功用与分类

1. 组成与功用 螺旋传动是由螺杆与螺母构成的螺旋副,螺旋传动可以将回转运动转变为直线运动。

2. 分类

(1)按其螺旋副摩擦性质分
- 滑动螺旋传动 { 单螺旋传动 / 双螺旋传动 }
- 滚动螺旋传动
- 静压螺旋传动

(2)按照螺旋传动用途分
- 传力螺旋
- 传导螺旋
- 调整螺旋

二、滑动螺旋传动的运动形式

(一)单螺旋传动

一个螺旋副组成的普通螺旋传动。

1. 运动形式的应用

（1）螺母不动，螺杆转动并做直线运动，见图 9-10（a），如在台式虎钳上应用。

（2）螺杆不动，螺母转动并做直线运动，见图 9-10（b），如在螺旋千斤顶上应用。

（3）螺杆原位转动，螺母做直线运动，见图 9-10（c），如在车床刀具横向进给运动上应用。

（4）螺母原位转动，螺杆做直线运动，见图 9-10（d），如在应力试验机上的观察镜螺旋调整装置。

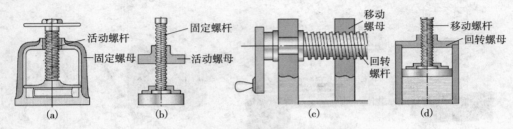

图 9-10　普通螺旋传动原理应用形式

2. 螺杆与螺母相对移动距离计算　单位为 mm，公式为：

$$L = P_h Z \tag{9-1}$$

式中：P_h 为螺母的导程，单位为 mm；Z 为螺杆转过的圈数。

3. 螺杆（螺母）移动方向的判定

（1）螺母（螺杆）不动，螺杆（螺母）转动并做直线运动。右旋螺纹用右手或左旋螺纹用左手并半握拳，四指顺着螺杆（或螺母）的旋转方向，大拇指指向即为螺杆（或螺母）的移动方向。

（2）螺杆（螺母）不动，螺母（螺杆）转动并做直线运动。右旋螺纹用右手或左旋螺纹用左手并半握拳，四指顺着螺杆（或螺母）的旋转方向，大拇指指向的相反方向即为从动件螺母（或螺杆）的移动方向。

（二）双螺旋传动

1. 双螺旋传动原理　由两个螺旋副组成，使活动的螺母与螺杆产生差动（运动不一致）的螺旋传动称作双螺旋传动，双螺旋传动原理见图 9-11。

2. 类型

（1）差动螺旋传动：两个螺旋副中螺纹旋向相同，用于螺旋测微器、机床刀具微调机构，实现微量调节。若活动螺母 1 与固定螺母

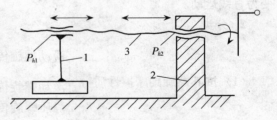

图 9-11　双螺旋传动原理
1. 活动螺母　2. 固定螺母　3. 螺杆

2 同为右旋，按图 9-11 所示转动螺杆 3 左移，活动螺母 1 右移，螺杆转一圈，活动螺母实际移动的距离为两段螺纹导程之差。

（2）复式螺旋传动：两个螺旋副中螺纹旋向相反，用于快速调整与移动机械加工自动定心装置。若固定螺母 2 仍为右旋，活动螺母为右旋，则活动螺母实际移动的距离为两段螺纹导程之和。

3. 差动螺旋传动的移动距离和方向的确定

（1）螺杆上两螺纹旋向相同时，活动螺母移动距离减小。当机架上固定螺母的导程大于活动螺母的导程时，活动螺母的移动方向与螺杆移动方向相同；当机架上固定螺母的导程小于活动螺母的导程时，活动螺母的移动方向与螺杆移动方向相反；当两螺纹的导程相等时，活动螺母不动（移动距离为零）。

（2）螺杆上两螺纹旋向相反时，活动螺母移动距离增大。活动螺母的移动方向与螺杆移动方向相同。

（3）在确定差动螺旋传动中活动螺母的移动方向时，应先确定螺杆的移动方向。

差动螺旋传动中活动螺母的移动距离和方向，可用如下公式表示：

$$L = N(P_{h1} \pm P_{h2}) \tag{9-2}$$

式中：L——活动螺母的实际移动距离（mm）；

$\quad\quad N$——螺杆的回转圈数；

$\quad\quad P_{h1}$——机架上固定螺母的导程（mm）；

$\quad\quad P_{h2}$——活动螺母的导程（mm）。

说明： 当两螺纹旋向相反时，公式中用"＋"号；当两螺纹旋向相同时，公式中用"—"号。计算结果为正值时，活动螺母实际移动方向与螺杆移动方向相同；计算结果为负值时，活动螺母实际移动方向与螺杆移动方向相反。

【例】 在图 9-11 所示的双螺旋机构中，固定螺母的导程 $P_{h1}=1.5$ mm，活动螺母的导程 $P_{h2}=2$ mm，螺纹均为左旋。问当螺杆回转 0.5 转时，活动螺母的移动距离是多少？移动方向如何？

解： 螺纹均为左旋，用左手判定螺杆向左移动。因为两螺纹旋向相同，活动螺母移动距离：

$$L = N(P_{h1} - P_{h2}) = 0.5\,(1.5-2) = -0.25\ (\text{mm})$$

计算结果为负值，活动螺母实际移动方向与螺杆移动方向相反，即向右移动了 0.25mm。

三、滚动螺旋传动的应用

由于滑动螺旋传动摩擦损耗大，磨损快、寿命短，传动效率低（30％～40％），传动精度低，为了改善传动效率，将其改为滚动螺旋传动。滚动螺旋传动是在具有圆弧形螺旋槽的螺杆和螺母之间连续装填若干滚动体（多用钢球），当传动工作时，滚动体沿螺纹滚道滚动并形成循环。

1. 滚动螺旋传动特点

（1）优点：滚动螺旋传动传动效率高，可达 90％，启动力矩小，传动灵活平稳，低速不爬行，同步性好，定位精度高。滚珠螺旋传动见图 9-12。

（2）缺点：不自锁，需附加自锁装置，抗震性差，结构复杂，制造工艺要求高，成本较高。

2. 应用　滚动螺旋传动主要用于汽车、拖拉机转向机构、数控机床、精密测量仪器。汽车循环球式转向器见图 9-13。

图 9-12　滚珠螺旋传动

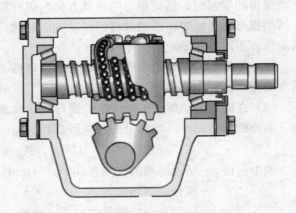

图 9-13　汽车循环球式转向器

练一练

分析螺旋测微器（千分尺）中螺旋传动如何应用？

练 习 题

一、填空题

1. 螺纹的截面形状有_____、_____、_____和_____四种。

2. 螺纹导程指_____。其中导程 P_H、螺距 P 和线 Z 数的关系_____。

3. 普通螺纹的公称直径是指螺纹_____。M40X2 表示公称直径为_____，螺距为_____的_____螺纹。

二、选择题

1. 测微器、分度机构、机床刀具微调机构常采用（　　）螺旋传动。

   A. 普通螺旋传动　　　B. 滑动螺旋传动　　　C. 滚珠螺旋传动

2. 在汽车、拖拉机转向机构中，常采用（　　）螺旋传动。

   A. 普通螺旋传动　　　B. 滑动螺旋传动　　　C. 滚珠螺旋传动

3. 台虎钳属于（　　）。

   A. 螺杆转动并做直线运动　　　　　　　B. 螺杆原地转动，螺母做直线运动

   C. 螺母转动并做直线运动　　　　　　　D. 螺母原地转动，螺杆做直线运动

4. 联接螺纹大多数为（　　），并且为单线螺纹。

   A. 三角形　　　B. 梯形螺纹　　　C. 矩形螺纹　　　D. 锯齿形螺纹

三、判断题

1. 两个相互配合的螺纹，一个是左旋，另一个是右旋。（　　）
2. 差动螺旋传动可以产生极小的位移，可方便实现微量调节。（　　）
3. 各种螺旋传动均能实现回转运动与直线运动之间转换。（　　）
4. 滚珠螺旋传动与其他螺旋传动相比摩擦磨损小，传动效率高，运转平稳。（　　）

第十章 轮 系

第一节 概 述

观察图 10-1 所示多对齿轮传动系统。

图 10-1 多对齿轮传动系统

想一想

多对齿轮形成的传动系统的用途？哪些机械使用这些传动系统？

现代机械设备中，为了满足不同的工作要求只用一对齿轮传动往往是不够的，通常用一系列齿轮共同传动。这种由一系列相互啮合的齿轮组成，用以完成特定功用与要求的传动系统，称为齿轮系（简称轮系）。

一、轮系的类型

1. 根据轮系中各齿轮的轴线位置关系分为平面轮系和空间轮系。

2. 根据轮系运转时齿轮的轴线位置相对于机架是否固定可分为定轴轮系和周转轮系两

大类。

（1）**定轴轮系**：是指所有齿轮几何轴线的位置都是固定的轮系。定轴轮系见图 10-2。

（2）**周转轮系**：至少有一个齿轮绕自身轴线自转（其几何轴线的位置不固定），同时又绕另一个齿轮轴线转动的轮系称为周转轮系。周转轮系见图 10-3。

（3）**混合轮系**：既含有定轴轮系又含有周转轮系，或包含有几个基本周转轮系的复杂轮系。在图 10-4 混合轮系中，齿轮"1—2"组成定轴轮系，齿轮"2′—H—3"组成周转轮系。

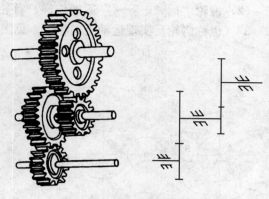

图 10-2 定轴轮系

 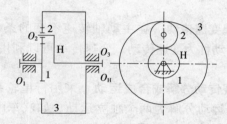

图 10-3 周转轮系

 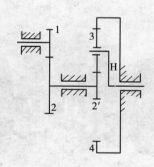

图 10-4 混合轮系

二、轮系的功用

1. 实现远距离传动 当两轴中心距较远时，大、小齿轮 1、2 的直径差较大，传动机构庞大。若采用 A、B、C、D 四个齿轮形成轮系，结构紧凑，节约材料，并实现远距离传动。见图 10-5。

2. 实现换向传动

（1）经过齿轮"1—3—4"运动传递，使首轮 1 与末轮 4 旋向相同。其中靠一个中间齿轮 3（也称惰轮）实现旋向相同。见图 10-6（a）。

機械基础

（2）齿轮"1—2—3—4"运动传递，首轮1与末轮4旋向相反。其中靠两个中间齿轮"2—3"（也称惰轮）实现运动旋向相反。见图10-6（b）。

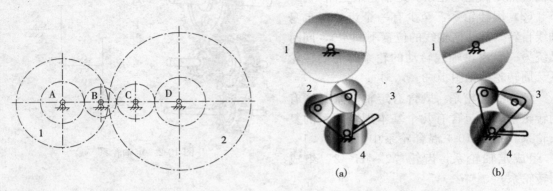

图10-5 轮系远距离传动

图10-6 齿轮变向机构

3. 实现变速传动 在主动轴转速不变的条件下，利用轮系可使从动轴得到若干种转速，这种传动称为变速传动。变速传动可以利用定轴轮系来实现，也可以利用周转轮系来实现。

4. 实现传动分解或合成运动 采用行星轮系，可以将两个独立运动合成为一个运动，也可将一个运动分解为两个独立运动。如汽车中央传动装置，见图10-7，在汽车转弯时，两轮得到不同转速，实现运动分解。

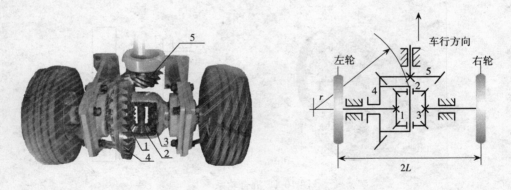

图10-7 汽车中央传动装置

5. 可以获得较大传动比 一对外啮合圆柱齿轮传动，其传动比一般可为$i \leqslant 7$。但是行星轮系传动比可达$i=10\,000$，而且结构紧凑。

 练一练
试分析图10-8齿轮变速机构如何实现一、二、三、四、五、六挡变速的？

104

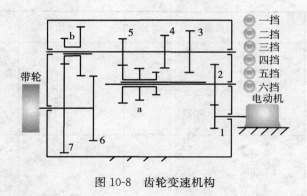

图 10-8 齿轮变速机构

第二节 定轴轮系传动比的计算及应用

 想一想

车床变速箱、拖拉机变速箱、轿车变速箱实现变速应用何种变速方法？

一、定轴轮系传动比

（1）轮系的传动比：是指轮系中输入轴（主动轮或首轮）的转速与输出轴（从动轮或末轮）的转速之比，用 i 表示，如 i_{14} 表示首轮 1 与末轮 4 转速之比。

一般传动比的计算包括：计算传动比的大小和确定从动轮的转向两个内容。

（2）齿轮传动比及转向表示见表 10-1。

表 10-1 齿轮传动比及转向表示

齿轮类型		运动简图	传动比	转向表示
柱齿轮啮合传动	外啮合齿轮传动		$i_{12}=-n_1/n_2$	1、2 分别为主、从动齿轮。两平行轴传动，外啮合齿轮传动表达方法：①传动比中用负号表示主、从动齿轮转向相反；②用同时指向或背离啮合点的带箭头线段表示
	内啮合齿轮传动		$i_{12}=n_1/n_2$	1、2 分别为主、从动齿轮。两平行轴传动，外啮合齿轮传动转向表达方法：①传动比中用正号（省略不写）表示主、从动齿轮转向相同；②用同向带箭头线段表示

105

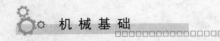

（续）

齿轮类型	运动简图	传动比	转向表示
锥齿轮啮合传动		$i_{12}=n_1/n_2$	1、2分别为主、从动锥齿轮。两轴垂直传动，其转向表达方法： 用同时指向或背离啮合点的带箭头线段表示
蜗杆蜗轮啮合传动		$i_{12}=n_1/n_2$	1、2分别为主，从动齿轮。两轴空间交错垂直，其转向表达方法：用带箭头线段表示，箭头方向按第八章要求判断。其中蜗杆三条斜线表示螺旋线旋向

二、轮系传动比计算

轮系传动比分析应从输入轴（首轮）至输出轴（末轮）的传动进行分析。图10-10中，动力传动路线是：1（首轮）—2—3—4—5—6（末轮）。其中 $n_2=n_3$、$n_4=n_5$，总传动比 $i_总$，即

$$i_总 = i_{16} = \frac{n_1}{n_6} = i_{12}i_{34}i_{56} = \left(-\frac{z_2}{z_1}\right)\left(\frac{z_4}{z_3}\right)\left(-\frac{z_6}{z_5}\right) = \frac{z_2 z_4 z_6}{z_1 z_3 z_5} \tag{10-1}$$

该式说明：轮系的传动比等于轮系中所有从动齿轮齿数（z）的连乘积与所有主动齿轮齿数（n）连乘积之比。

结论：在定轴轮系中，轮1为起始主动轮，轮 k 为最末从动轮，m 为外啮合齿轮对数，则该轮系的传动比的一般公式为：

$$i_总 = i_{ik} = \frac{n_1}{n_k} = (-1)^m \frac{各级齿轮副中从动齿轮齿数的连乘积}{各级齿轮副中主动轮齿数的连乘积} \tag{10-2}$$

（1）根据传动比的正负号确定轮系中主、从动轮的转向关系：m 为偶数时轮系的传动比为正，从动轮的转向与主动轮相同；m 为奇数时，轮系的传动比为负，从动轮的转向与主动轮相反。

（2）若轮系中有圆锥齿轮传动，其旋转方向不能用正、负号判断，只能用箭头确定。

（3）在定轴轮系中，任意轮 k 的转速等于首轮的转速乘以首轮和该轮间主动齿轮齿数连乘积与从动齿轮齿数的连乘积之比，其计算公式：

$$n_k = \frac{n_1}{n_{1k}} = n_1 \frac{z_1 z_3 z_5 \cdots z_{k-1}}{z_2 z_4 z_6 \cdots z_k} \tag{10-3}$$

第三节　周转轮系及应用

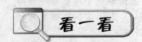

观察图10-9、图10-10所示差速器。

图 10-9 汽车差速器

图 10-10 锥齿轮差速器

想一想

图 10-9、图 10-10 中差速作用如何实现？

一、周转轮系的组成、分类和特点

周转轮系是由一个或几个齿轮的几何轴线绕着其他齿轮的固定轴线回转的轮系，也称为行星齿轮系。

1. 周转轮系组成

图 10-11 周转轮系中，齿轮 1、3 的轴线相重合，它们均为定轴齿轮，而齿轮 2 的转轴装在构件 H 的端部，在构件 H 的带动下，它可以绕齿轮 1、3 的轴线做周转。

（1）行星轮：由于齿轮 2 既绕自己的轴线做自转，又绕定轴齿轮 1、3 的轴线做公转，犹如行星绕日运行一样，故称其为行星轮；

（2）系杆或行星架：带动行星轮做公转的构件 H 称为系杆或行星架；

（3）中心轮：行星轮所绕之做公转的定轴齿轮 1 和 3 则称为中心轮，其中齿轮 1 又称为太阳轮。

由于中心轮 1，3 和系杆 H 的回转轴线的位置均固定且重合，通常以它们作为运动的输入或输出构件，故称其为周转轮系的基本构件。

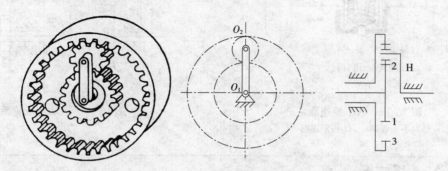

图 10-11 周转轮系

2. 周转轮系的分类 分为差动轮系和行星轮系。

(1) 差动轮系：太阳轮的转速都不为零的周转轮系。

(2) 行星轮系：有一个太阳轮的转速为零的周转轮系。

3. 周转轮系特点

(1) 一个基本周转轮系中，行星轮可有多个，太阳轮的数量不多于两个，行星架只能有一个。

(2) 行星架与两中心轮的几何轴线必须重合，否则无法运动。

(3) 在功率和传动比相同情况下，行星减速器的体积和重量只是定轴轮系减速器的1/3。

二、周转轮系的应用

1. 实现差速作用（运动的分解） 以汽车为例，汽车后桥的差速器就利用了差动轮系的这一特性实现汽车转弯时内外轮的不同速度，见图 10-12。

当汽车直线行驶时，左右两车轮滚过的距离相等，所以两后轮的转速也相同。见图 10-12（a）。

当汽车向右转弯时，由于左车轮的转弯半径比右车轮大，为了使车轮与地面间不发生滑动，以减小轮胎磨损，就要求左轮比右轮转得快。这时，依靠差动轮系发挥作用。见图 10-12（b）。

2. 实现运动的合成 差动轮系将运动合成的这一性能，在机床、计算机和补偿装置中得到广泛的应用，见图 10-13。

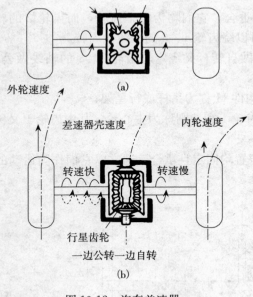

图 10-12 汽车差速器
（a）不差速时 （b）差速时

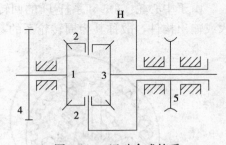

图 10-13 运动合成轮系

练一练

分析图 10-14、图 10-15、图 10-16 中使用的传动轮系，它们是相同的吗？

图 10-14 挖掘机

图 10-15 拖拉机

图 10-16 差速器

练 习 题

一、填空题

1. 轮系分为_____轮系和_____轮系。转动齿轮轴线都是_____的轮系称为定轴轮系。

2. 手动变速器汽车的前进或倒退的实现是利用了_____。

3. 惰轮在轮系中只能改变_____，而不能改变_____。

二、判断题

1. 轮系可实现变速变向要求。（ ）

2. 轮系中的惰轮既是前级从动轮，又是后级传动的主动轮。（ ）

3. 在轮系中如果有圆锥齿轮传动或蜗杆传动时，则轮系旋转方向能用（−1）^{m} 来确定或用标注箭头方法表示。（ ）

三、计算题

一卷扬机传动系统，末端为蜗杆传动，见图 10-17。

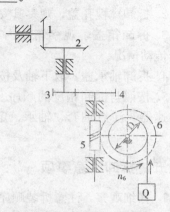

图 10-17 卷扬机传动结构图

已知：$z_1=20$，$z_2=40$，$z_3=18$，$z_4=36$，$z_5=2$，$z_6=60$，起吊重物鼓轮直径为 180mm，$n_1=1\,000$r/min，试求蜗轮转速和重物 Q 的移动速度 v，并确定提升重物时 n_1 的回转方向。

实训三　减速器的拆装

一、目的

1. 了解减速器各部分结构，分析各部分装配关系与传动路线，分析其结构工艺性。
2. 熟悉减速器的拆装与调整过程。

二、工具、设备

1. 单级（图 10-18）或二级减速器一台。
2. 游标卡尺一把。
3. 套筒扳手一套。
4. 活动扳手、钢卷尺各一把。

三、内容

1. 了解减速器铸造箱体的结构。
2. 了解减速器附属零件如窥视孔、通气孔、油尺、油塞、定位销、起盖螺钉、吊环等的用途，结构，安装位置及要求。

图 10-18　一级减速器结构图

3. 测量相关数据：中心距、齿轮端面与箱体内壁距离、大齿轮顶圆到箱体底内壁距离、箱体上下凸缘宽度、厚度、筋板厚度等。
4. 了解轴承内侧的挡油环、封油环的结构，安装位置，作用原理。
5. 了解齿轮和轴承的润滑方式。

四、步骤

1. 拆卸前观察减速器外部各部分结构（图 10-19）。
2. 拆卸窥视孔盖，观察其安装位置、作用原理。
3. 拆卸箱盖，观察箱体内各零件结构、位置、啮合传动情况。
4. 拆卸轴承盖，取下轴及按顺序取下轴上零件。
5. 按照与拆卸相反的顺序及先内后外原则，装配减速器，注意轴套、轴承、定位销、起盖螺钉的安装要求。

图 10-19　减速器结构组成图

五、拆卸注意事项

1. 仔细观察，注意拆装顺序。
2. 零件按照拆卸要求，有序整齐摆放，零件、工具入盘。

3. 拆卸过程避免乱敲打，防止零件损坏。

六、思考与分析

1. 一个完整的减速器包括哪些部分？
2. 齿轮和轴承如何实现润滑？
3. 在拆卸减速器过程中应该注意哪些问题？

实训四　带传动、链传动的认识，拆装与维护

一、目的

1. 了解 V 带的结构、型号和标记。
2. 掌握 V 带的选用、安装、张紧和调整方法。
3. 了解套筒滚子链的结构、型号和标记。
4. 掌握套筒滚子链条的选用、安装、张紧、调整和维护方法。

二、工具

1. 拖拉机传动 V 带、机床传动 V 带、其他传动 V 带等。
2. 扳手、螺丝刀、平尺、角尺等。

三、内容

（一）带传动认识

1. V 带及带轮结构认识

（1）V 带的结构、型号、标记认识，观察 V 带工作面、截面形状、型号标记。

（2）带轮材料、结构认识。

2. V 带的选用　根据设计用途要求选取带型、基准长度、根数，同组 V 带必须型号、几何尺寸、结构相同，新旧带不能混用。

3. V 带的安装

（1）安装带轮：按要求安装大小带轮并紧固。两轮轴线平行，端面与中心线垂直。

（2）安装 V 带：适当缩小中心距，安装后张紧，要求带张紧度以大拇指下按 10～15mm 为宜。

（3）检查轮槽的对正，可用拉线法检查。

（4）检查与调整带的张紧程度，安装、调整完成后紧固所有调整螺钉。

4. V 带的使用维护

（1）使用中定期检查并及时调整，若发现带疲劳撕裂，应及时更换 V 带。

（2）为保证安全，应加装防护罩。

（二）链传动认识

1. 套筒滚子链

（1）拆卸套筒滚子链，通过拆卸过程认识过渡链接、开口销、弹簧夹和各零件之间的相互配合。

（2）认识链型号与标记、链轮材料、结构。

2. 链的选用　首先，看一下链条的外观，有没有零件的不完整（缺件）；其次，看一下有没有销轴没有铆头的，观察一下链条的内接与外接之间的间隙是否过大。

3. 链的安装与维护

（1）两链轮轴线平行，两链轮旋转平面在同一平面。

（2）适当张紧，当松边垂度过大，可适当缩短中心距或用张紧轮张紧，无可调装置，可去掉两个链节。

（3）定期润滑，用 L-AN32、L-AN46、L-AN68 等润滑油润滑，若不便使用润滑油，可使用润滑脂涂抹润滑。

四、思考与分析

1. V 带的松紧程度会对带传动产生什么影响？

2. 链使用中要注意哪些问题？

第四篇

轴 系 零 件

第十一章 轴

第一节 概 述

观察图 11-1、图 11-2、图 11-3。

图 11-1 减速器　　　　　图 11-2 变速箱　　　　　图 11-3 自行车

想一想
图 11-1、图 11-2、图 11-3 中的轴都有什么作用？

一、轴的分类

轴是机器中的重要零件，其主要的作用是支撑回转零件（如齿轮、带轮、凸轮等）和传递运动与动力。

按轴的结构形状可分为直轴、曲轴和软轴，其图例及结构特点见表 11-1。

表 11-1　直轴、曲轴和软轴的图例及结构特点

分类		图　例	结构特点
直轴（轴线为一直线）	光轴		直径无变化
	阶梯轴		直径有变化
曲轴			能将直线往复运动和回转运动进行相互转化，如内燃机中，将活塞的往复直线运动转化为曲轴的回转运动
软轴			又称挠性轴，由几层贴在一起的钢丝构成，能将回转运动灵活的传动空间的任何位置

　　按轴的承载和变形情况可分为心轴、传动轴和转轴，其图例及承载情况见表 11-2。

表 11-2　心轴、传动轴和转轴的图例及承载情况

分类		图　例	承载情况
心轴	轴转动		工作时，轴只承受弯矩，起支撑作用，产生变曲变形

（续）

分类		图　例	承载情况
心轴	轴不转	滑轮轴　　　　　自行车前轴	工作时，轴只承受弯矩，起支撑作用，产生弯曲变形
传动轴		传动轴 变速器　中间支撑　后驱动桥 前传动轴　球轴承　后传动轴	工作时，轴承受扭矩，不承受弯矩或只承受很小的弯矩，仅起传递动力的作用，主要产生扭转变形，弯曲变形很小。如汽车变速箱与后桥之间的轴
转轴			工作时，轴既承受扭矩，又承受弯矩，既起支撑作用又起传递动力作用，既产生扭转变形又产生弯曲变形，是机器中最常用的一种轴

二、轴的材料和选用

轴的材料种类很多，选择时应主要考虑如下因素：

1. 轴的强度、刚度及耐磨性要求。

2. 轴的热处理方法及机加工工艺性的要求。

3. 轴的材料来源和经济性等。

碳素结构钢价格低廉，力学性能较好，应用范围最广。一般用途的轴，多用含碳量为

0.25%～0.5%的中碳钢，如：35、40、45和50钢，其中以45钢应用最广，为改善其力学性能可以进行正火或调质处理。对于不重要或受力不大的轴，可以采用Q235、Q275等普通碳素钢。

合金结构钢价格较贵，力学性能和淬火性能优于碳素结构钢。多用于受力较大，尺寸和重量受到限制，以及耐磨性要求较高的轴，常用的有20Cr、40Cr、40MnB等。

球墨铸铁和一些高强度铸铁价格低廉，铸造性能好，容易铸成复杂形状，吸振性好，只是铸件质量难于控制，韧性差。可用于制造外形复杂的轴，如内燃机的曲轴。

轴的常用材料、热处理及应用见表11-3。

表11-3 轴的常用材料、热处理及应用

材料牌号	热处理	应 用
Q235		用于不重要或受力不大的轴
Q275		
35	正火或调质	用于一般轴
45	正火或调质	用于较重要的轴，应用广泛
20Cr	渗碳淬火＋回火	用于要求强度和韧性均较高的轴
40Cr	调质	用于受力较大，而无很大冲击的重要轴
40MnB	调质	性能接近40Cr，用于重要的轴
QT600-3		用于制造复杂外形的轴

第二节 轴的结构

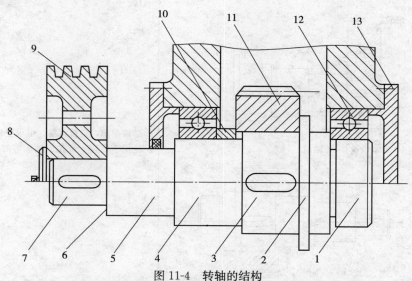

图11-4 转轴的结构

1. 轴颈 2. 轴环 3. 轴头 4. 轴颈 5. 轴身 6. 轴肩 7. 轴头
8. 轴端挡圈 9. 带轮 10. 套筒 11. 齿轮 12. 滚动轴承 13. 轴承盖

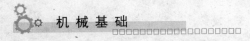

图 11-4 为一齿轮减速器中转轴的结构图，由图可见轴的主要结构。

一、轴的组成和要求

1. 轴的组成 由图 11-4 可见轴主要包括如下部分：

（1）轴颈：和轴承配合的部分。

（2）轴头：和回转零件（如齿轮、带轮等）配合的部分。

（3）轴身：连接轴头与轴颈的部分。

（4）轴肩：轴直径变化处形成的台阶。

（5）轴环：直径大于相邻两个轴段的中间环状突起部分。

2. 轴的要求 轴的结构应满足以下三方面的要求：

（1）轴上零件要有可靠的轴向固定和周向固定。

（2）轴应便于加工，尽量减少应力集中。

（3）便于轴上零件安装与拆卸。

二、轴上零件的固定

1. 轴上零件的轴向固定 轴上零件的轴向固定的目的是使零件在轴向上有确定的位置，防止零件沿轴向移动，承受轴向力。

图 11-4 中带轮、右端轴承靠轴肩作轴向定位，左端轴承靠套筒作轴向定位，齿轮靠轴环作轴向定位，两端轴承盖将轴在箱体上固定。

常用的轴向固定方法及应用特点见表 11-4。

表 11-4 轴上零件的轴向固定方法及应用特点

类　型	固定方法及简图	结构特点及应用
轴肩与轴环	带轮 轴肩 齿轮 轴环	结构简单，定位可靠，可承受较大的轴向力，广泛用于齿轮、带轮、轴承等的轴向定位和固定

（续）

类　型	固定方法及简图	结构特点及应用
圆螺母		定位可靠，装拆方便，可承受较大的轴向力，轴上需切制螺纹，轴的强度降低，为防松，可采用双螺母或加止动垫圈，常用于轴的中部或端部零件固定
套筒	轴承套筒 齿轮	结构简单，定位可靠，轴上不需开槽、切制螺纹等，轴的强度不受影响，用于轴上零件间距离较短的场合，轴的转速很高时不宜采用
轴端挡圈	轴端挡圈　带轮	结构简单，工作可靠，能承受冲击载荷和剧烈振动，为防松可加止动垫片、防转螺钉，用于轴端零件的固定
弹性挡圈		结构简单紧凑，装拆方便，只能承受很小的轴向力，需在轴上切槽，引起应力集中，常用于滚动轴承的轴向固定等
紧定螺钉		结构简单，起周向固定的作用，只能承受很小的轴向力，不适用于高速场合

2. 轴上零件的周向固定　轴上零件的周向固定的目的是为了传递转矩，防止零件与轴产生相对转动。常用的周向固定方法及结构特点见表 11-5。

表 11-5 轴上零件常用周向固定方法及结构特点

类 型	固定方法及简图	结构特点及应用
平键连接		结构简单，装拆方便，是最常用的周向固定方法
花键连接		接触面积大，传递转矩大，对中性和导向性好，用于传递载荷较大，定心精度要求高的动、静连接
销钉连接	轴 圆柱销	结构简单，既能做周向固定，也能做轴向固定，常用作安全装置，过载时被剪，防止破坏其他零件，轴上开槽，对轴的强度有削弱，只能用于传递很小的转矩
紧定螺钉		结构简单，既能做周向固定，也能做轴向固定，靠紧定螺钉端部拧入轴的凹坑实现固定，不能承受较大转矩，只能做辅助连接
过盈配合	H7/S6	既能周向固定，也能轴向固定，对中精度高，选择不同的配合有不同的连接强度，不宜多次装拆和承受重载

三、轴的结构工艺性

轴的结构工艺性是指轴的结构应便于轴的加工和轴上零件的装拆，一般情况下，轴的结构越简单，工艺性越好，越能减少应力集中，提高轴的疲劳强度，提高生产率，所以，在满足使用要求的前提下，应尽可能使轴的结构简单。

为使轴的结构合理，一般应注意以下问题：

1. 阶梯轴（图 11-5）的级数应尽量少，各段直径相差不能太大，直径变化处应有圆角过渡，以减少应力集中。

2. 阶梯轴应做成中间大两端小，便于轴上零件从两端装拆，图 11-5 中，齿轮、套筒、轴承、轴承盖、带轮、轴端挡圈可依次从轴的左端装入，由于各段轴的直径逐渐减小，当零件往上装配时，不会擦伤配合表面，装配也方便。

3. 轴端应倒角，以去除毛刺，便于装配导向。

4. 若轴上某段需要砂轮磨削时，要留有砂轮越程槽（图 11-6），需要切制螺纹时，需留有螺纹退刀槽（图 11-7）。

5. 同根轴上所有圆角半径、倒角尺寸、退刀槽宽度、键槽宽度应尽可能统一；当轴上有两个以上键槽时，应置于轴的同一条母线上（图 11-5），以便一次装夹后就能加工，减少加工时换刀时间及装夹工件时间。

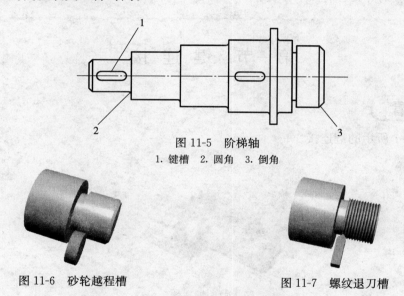

图 11-5　阶梯轴
1. 键槽　2. 圆角　3. 倒角

图 11-6　砂轮越程槽　　　　图 11-7　螺纹退刀槽

练　习　题

找出图 11-8 中不合理的地方，并改正。

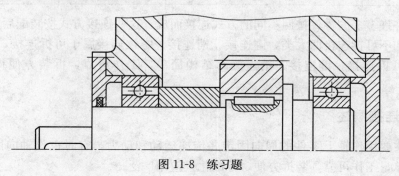

图 11-8　练习题

第十二章 键、销及其连接

学习目标

● 了解键连接的用途和分类。
● 熟悉平键连接的特点和分类。
● 掌握半圆键、平键、花键和楔键连接。
● 了解销连接的作用、特点和分类。

第一节 键 连 接

 看一看

观察图 12-1 所示的键连接。

图 12-1 键连接

 想一想

哪些场合还用到键连接?

机器由许许多多的零件按照不同的方式连接而成,这些连接方式按装配后能否拆卸可分为可拆连接和不可拆连接两大类,键连接、销连接、螺纹连接属于可拆连接,焊接、铆接、黏接属于不可拆连接,键连接、销连接因结构简单,工作可靠,拆装方便得到了广泛的应用。

一、键连接概述

键连接主要用作轴上零件的周向固定并传递运动和动力,有时也作轴向固定或轴向导向,结构简单,工作可靠,装拆方便,标准化,应用广泛。

二、键连接分类

1. 平键连接　平键连接的特点是依靠平键的两个侧面与轴和轮毂键槽侧面间的挤压传递转矩，键的两个侧面是工作面，轮毂键槽的底面与平键的上表面间留有空隙，以便装配。平键加工简单，装拆方便，对中性较好，适用于传动精度要求较高的场合。可分为普通平键连接和导向平键连接两类。

（1）普通平键连接：普通平键连接示意图见图 12-2、视图见图 12-3。

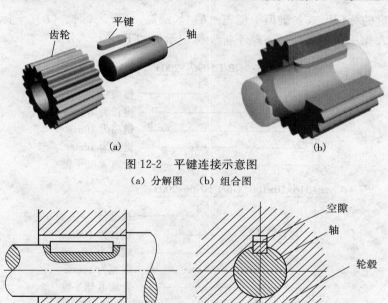

图 12-2　平键连接示意图

（a）分解图　　（b）组合图

图 12-3　视　图

普通平键按端部的形状不同分为 A 型、B 型、C 型，其形式及应用见表 12-1。

表 12-1　普通平键常见形式及应用

类型	形　　式	应　　用
A 型		轴上键槽用立铣刀切制，端部的应力集中较大，键在键槽中不会轴向移动，定位好，应用较多

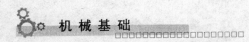

（续）

类型	形 式	应 用
B型		轴上键槽用盘铣刀切制，轴上应力集中较小，但对于尺寸较大的键盘，要用螺钉压紧，以防止松动
C型		轴上键槽用立铣刀切制，端部的应力集中较大，多用在轴的端部

①普通平键的标记形式。键型＋键宽（b）×键高（h）×键长（L）＋标准号，尺寸标注见图 12-4。A 型平键的键型可省略不标。标记示例如下：

键 16×10×100 GB/T 1096—2003

　　　　　　　　　　　　　标准号
　　　　　　　　　　键长为 100mm
　　　　　　　　键高为 10mm
　　　　　　键宽为 16mm
　　　　普通 A 型平键

键B16×10×100 GB/T 1096—2003

　　　　　　　　　　　　　标准号
　　　　　　　　　　键长为 100mm
　　　　　　　　键高为 10mm
　　　　　　键宽为 16mm
　　　　普通 B 型平键

键C16×10×100 GB/T 1096—2003

　　　　　　　　　　　　　标准号
　　　　　　　　　　键长为 100mm
　　　　　　　　键高为 10mm
　　　　　　键宽为 16mm
　　　　普通 C 型平键

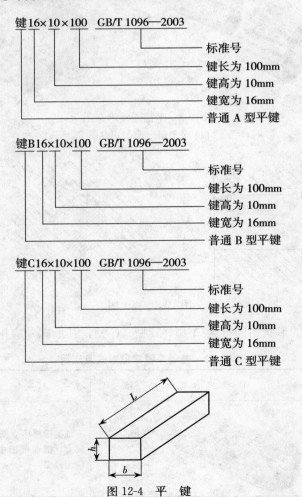

图 12-4　平键

②普通平键的尺寸选择。平键是标准件，它的尺寸取决于所在轴的直径大小，可根据轴的直径查相应的国家标准（GB/T 1096—2003、GB/T 1095—2003）决定键宽、键高等尺寸。普通平键和键槽的截面尺寸及公差见表12-2。

平键连接的配合种类分为三种：

a. 正常连接。用于传递不大的载荷，广泛应用于一般机械。

b. 紧密连接。用于传递重载荷、冲击载荷及双向传递转矩的场合。

c. 松连接。用于导向平键。

表 12-2 普通平键和键槽的截面尺寸及公差

轴 基本直径 d	键 基本尺寸 b×h	键槽 宽度 b 基本尺寸 b	松连接 轴（H9）	松连接 毂（D10）	正常连接 轴（N9）	正常连接 毂（JS9）	紧密键连接 轴和毂（P9）	深度 轴 i 基本尺寸	深度 轴 i 极限偏差	深度 毂 i₁ 基本尺寸	深度 毂 i₁ 极限偏差
自6~8	2×2	2	+0.025 / 0	+0.060 / +0.020	-0.004 / -0.029	±0.012 5	-0.006 / -0.031	1.2	+0.10	1	+0.10
>8~10	3×3	3						1.8		1.4	
>10~12	4×4	4	+0.030 / 0	+0.078 / +0.030	0 / -0.036	±0.015	-0.012 / -0.042	2.5	+0.10	1.8	+0.10
>12~17	5×5	5						3.0		2.3	
>17~22	6×6	6						3.5		2.8	
>22~30	8×7	8	+0.036 / 0	+0.098 / +0.040	0 / -0.036	±0.018	-0.015 / -0.051	4.0	+0.20	3.3	+0.20
>30~38	10×8	10						5.0		3.3	
>38~44	12×8	12	+0.043 / 0	+0.120 / +0.050	0 / -0.043	±0.021 5	-0.018 / -0.061	5.0		3.3	
>44~50	14×9	14						5.5		3.8	
>50~58	16×10	16						6.0		4.3	
>58~65	18×11	18						7.0		4.4	
>65~75	20×12	20	+0.052 / 0	+0.149 / +0.065	0 / -0.052	±0.026	-0.022 / -0.074	7.5		4.9	
>75~85	22×14	22						9.0		5.4	
>85~95	25×14	25						9.0		5.4	
>95~110	28×16	28						10.0		6.4	
>110~130	32×18	32	+0.062 / 0	+0.180 / +0.080	0 / -0.062	±0.031	-0.026 / -0.088	11.0		7.4	
>130~150	36×20	36						12.0		8.4	
>150~170	40×22	40						13.0		9.4	
>170~200	45×25	45						15.0		10.4	
>200~230	50×28	50						17.0		11.4	

（2）导向平键连接：当轴上零件与轴构成移动副时，可采用导向平键，键与轮毂的键槽为间隙配合，导向平键的长度大于轮毂宽度，以便于轴上零件在轴上的移动，这种键用螺钉固定在轴上，键的中部设有起键螺孔，以便拆卸。导向平键用于轴上零件轴向移动量不大

的场合，如机床变速箱中的滑移齿轮等。按端部形状不同可分为 A 型和 B 型，见图 12-5。

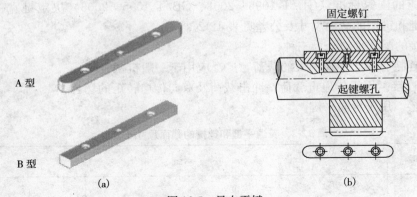

A 型

B 型

（a）

固定螺钉

起键螺孔

（b）

图 12-5　导向平键

（a）导向平键类型　（b）导向平键连接图

　　如果轴上零件的移动量较大，键要做的很长，会给键的制造带来困难，此时可以采用滑键。滑键连接只需在轴上铣出较长的键槽，键可做得短些，滑键固定在轮毂上，与轮毂一同在轴上的键槽中做轴向滑移，用于轴上零件轴向移动量大的场合。见图 12-6。

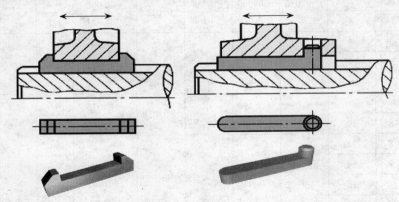

图 12-6　滑　键

　　2. 半圆键连接　半圆键的形状类似于半圆，与平键一样，键的两个侧面是工作面，靠键的侧面受挤压传递运动和转矩，对中性好，键的上表面与轮毂键槽底面间有空隙，键可在键槽绕槽底做圆弧摆动（图 12-7）。轴上键槽呈月牙形，槽较深，对轴的强度削弱较大，所以多用于轻载或锥形轴头。

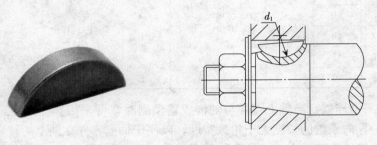

d_1

图 12-7　半圆键

3. 花键连接 花键连接相当于将多个键直接加工在轴上，再在轮毂上加工出键槽，常用 4～12 个齿，工作时靠键齿的侧面互相挤压传递转矩。花键连接适用于重载、同心精度要求高，且经常滑移的动连接。

（1）优点：

①齿数多，承载能力大。

②齿浅，对轴和毂的强度削弱较小。

③轴上零件与轴的对中性好，导向性好。

（2）缺点：需专用设备加工，如花键铣床加工花键轴，拉床加工花键孔，成本较高。

（3）花键连接按齿形的不同分为：矩形花键和渐开线花键两种。矩形花键键齿两侧面为平行平面，形状简单，应用广泛，见图 12-8；渐开线花键齿廓形状为渐开线，可采用常用的加工齿轮的方法获得，工艺性好，制造精度高，齿根强度高，适用于重载和尺寸较大的场合，见图 12-9。

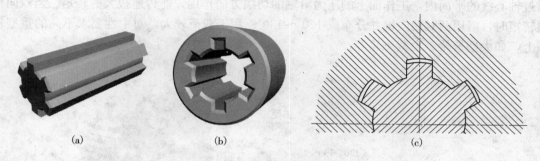

图 12-8 矩形花键
（a）矩形花键轴 （b）矩形花键孔 （c）矩形花键连接

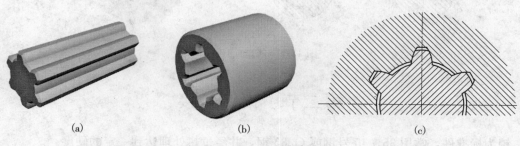

图 12-9 渐形线花键
（a）渐开线花键轴 （b）渐开线花键孔 （c）渐开线花键连接

4. 楔键连接 楔键属于紧键连接，楔键上都有 1∶100 的斜度，分为普通楔键和钩头楔键两种（图 12-10），装配时，楔键打入轴与轴上零件的键槽内，与轴和轴上零件连成一体，靠键的上下表面与轴、轮毂键槽的底面间产生很大的预紧力和轴与轮毂之间的摩擦力实现转矩传递，并能承受不大的单向轴向力。楔键的上下面为工作面，侧面为非工作面，侧面与键槽间留有间隙。楔键连接时受斜度影响，使轴与轮毂产生偏心，对中性差，承受冲击或交变载荷容易发生松脱，常用于定心精度要求不高、载荷平稳、低速的场合，如带传动。钩头楔键用在不能从一端将楔键打出的场合，钩头便于拆卸。

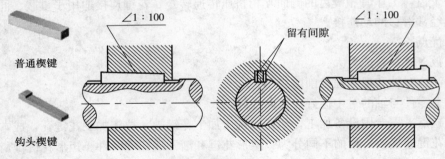

图 12-10　楔键连接

5. 切向键连接　切向键是紧键连接，见图 12-11，由一对斜度 1：100 的楔键组合而成，装配时两个楔键分别从轮毂两端打入，将两键楔紧，键的两个窄面是工作面，其中一个面在通过轴心线的平面内，工作面上的压力沿轴的切线方向作用，能传递很大的转矩。当双向传递转矩时，需用两对切向键并分布成 120°～130°。用于载荷较大，对中性要求不高的重型机械上，如大型带轮、大型飞轮等。

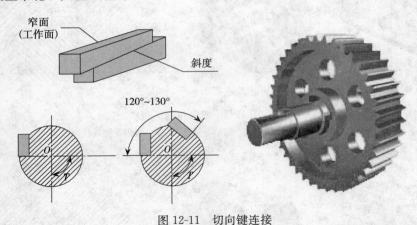

图 12-11　切向键连接

第二节　销 连 接

销为标准件，常用 35、45 号钢或 Q235 钢，并经过热处理达到一定的硬度。

一、销连接的作用

1. 定位销　固定零件之间的相对位置，只承受较小的横向载荷，一般配对使用，数目不少于两个，见图 12-12。

2. 连接销　连接轴和毂或其他零件，由于断面尺寸小，传递的载荷也小，常用圆柱销。见图 12-13。

3. 安全销　作安全装置中的过载剪断元件，结构简单，形式多样，必要时可在销上切出圆槽，为防止断销时损坏孔壁，可在孔内加销套，见图 12-14。

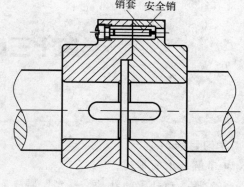

销套 安全销

图 12-12 定位销

图 12-13 连接销

图 12-14 安全销

二、销连接的类型

销连接的基本类型有圆柱销和圆锥形两种。

1. 圆柱销 靠较小的过盈量固定在销孔中，圆柱销不能多次装拆，否则会降低定位精度和连接的紧固性，主要用于定位，也用作连接销和安全销。

2. 圆锥销 具有 1∶50 的锥度，靠过盈与销孔配合，小端直径为标准值，定位精度比圆柱销高，受力不及圆柱销均匀，自锁性好，安装方便，多次拆装都不会影响定位精度，可靠性高，可用于经常装拆的场合。

通常无论是圆柱销还是圆锥销，对销孔的精度要求都较高，销孔须铰削，被连接件的两孔应同时钻铰。

练 习 题

一、判断题

1. 平键连接的一个优点是轴与轮毂的对中性好。（   ）

2. 平键的两个侧面是工作面。（   ）

3. 花键连接通常用于要求轴和轮毂、严格对中的场合。（   ）

4. 楔键连接不可用于高速转动的连接。（   ）

5. 楔键的工作面是上、下面。（   ）

二、填空题

1. 键连接是用来实现轴和轴上零件的_____固定。

2. 平键分为_____、_____。

3. 平键的截面尺寸通常由_____决定。

4. 当轴上零件在轴上做短距离的相对滑动时，应采用_____键连接。

5. 半圆键可在键槽绕槽底做_____摆动，但对轴的强度有削弱。

6. 花键按齿形分为_____、_____。

7. 键 B16×70 GB1096—2003 表示键宽为_____、键长为_____。

8. 销连接可用作_____、_____、_____。

第十三章 轴 承

看一看

观察图 13-1、图 13-2、图 13-3。

图 13-1 滑 冰

图 13-2 旋转餐桌

图 13-3 车 床

想一想

上述三图中都用到了什么零件，才使我们可以飞速的滑冰，餐桌上不用伸长手臂就能品尝到美味佳肴，机床主轴高速旋转而噪声不大？

以上图片中正是用到了机器中常用的零件——轴承，才使得我们可以飞速的滑冰，不伸长手臂就能品尝到美味佳肴，机床主轴高速旋转而噪声不大。

轴承起到支撑转动的轴和轴上零件，并保持轴的正常工作位置和旋转精度的作用。

轴承按摩擦性质的不同，分为滚动轴承和滑动轴承两大类。

第一节 滚动轴承

一、滚动轴承的结构

滚动轴承具有摩擦阻力小、启动灵敏、轴向尺寸小、润滑简便、容易互换的优点，但抗冲击能力较差，高速时噪声较大，工作寿命没有液体摩擦的滑动轴承长，已标准化，可由轴承厂大批生产，应用广泛。

滚动轴承的典型结构由四部分组成，见图13-4。

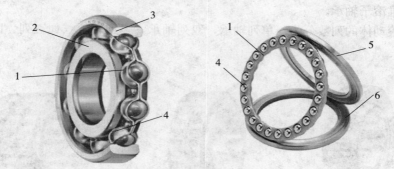

图 13-4 滚动轴承的结构
1. 保持架 2. 内圈 3. 外圈 4. 滚动体 5. 上圈 6. 下圈

1. 内圈 装在轴颈上，与轴颈一起转动，和轴颈之间没有相对转动，制有滚道。

2. 外圈 装在机座或轴承孔内固定不动，制有滚道，

3. 滚动体 工作时，在内、外圈的滚道上滚动，形成滚动摩擦，常见的滚动体形式见图13-5。

图 13-5 滚动体

4. 保持架 使滚动体沿滚道均匀的隔开，减少滚动体之间的碰撞和磨损，常见的保持架形式见图13-6。

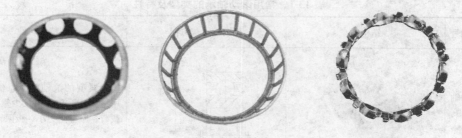

图 13-6 保持架

滚动轴承的内、外圈和保持架应具有高的接触疲劳强度与硬度、良好的耐磨性和冲击韧性。一般用含铬的合金钢制造，如GCr9、GCr15等，工作表面需磨削、抛光，保持架一般用低碳钢板冲压而成，也可采用有色金属和塑料制成，多用于高速轴承。

二、滚动轴承的类型

滚动轴承的类型较多，以满足机械的不同要求。

（1）按滚动体不同分为：球轴承和滚子轴承。

①球轴承。滚动体为球。

②滚子轴承。滚动体为滚子，滚子又分为圆柱滚子、圆锥滚子，相应的轴承称为圆柱滚子轴承和圆锥滚子轴承。

（2）按滚动体的列数分为：单列轴承，双列轴承，多列轴承（如三列、四列轴承），见图13-7。

单列圆锥滚子轴承　　　　双列圆锥滚子轴承　　　　三列圆锥滚子轴承

图 13-7　按滚动体列数分类的滚动轴承

（3）按所承受载荷的方向不同分为：向心轴承和推力轴承。

①向心轴承。主要承受径向载荷。

②推力轴承。主要承受轴向载荷。

（4）按能否调心分为：调心轴承和非调心轴承。

①调心轴承。滚子滚道是球面形的，能适应两滚道轴心线间的角偏差有角运动的轴承，主要承受径向负荷，也可以承受少量的双向轴向负荷。

②非调心轴承（刚性轴承）。能阻抗滚道间轴心线角偏移的轴承。

常用滚动轴承的类型及特性等见表13-1。

表 13-1　常用滚动轴承的类型及特性

类型及代号	结构图	简图及承载方向	特　性
深沟球轴承（6）			最典型的滚动轴承，价格便宜，用途广；承受径向及少量双向轴向载荷；摩擦阻力小，极限转速高
角接触球轴承（7）			承受径向及单方向的轴向载荷，公称接触角越大，承受轴向载荷的能力越大；一般将两个轴承面对面安装，用于承受两个方向的轴向载荷；极限转速较高

（续）

类型及代号	结构图	简图及承载方向	特 性
圆锥滚子 轴承（3）			内、外圈可分离；承受径向及单 方向轴向载荷，承载能力大；成对 使用，对称布置安装，能承受双向 轴向载荷；极限转速中等
圆柱滚子 轴承（N）			内、外圈可分离；承受纯径向载 荷，刚性好，承载能力大，尤其是 承受冲击载荷；极限转速高
推力球轴 承（5）			承受单向轴向载荷；高速时离心 力大；极限转速低
调心球轴 承（1）			具有调心能力；承受径向及少量 双向轴向载荷；极限转速中等
调心滚子 轴承（2）			具有调心能力；承受径向及少量 双向轴向载荷；承载能力比调心球 轴承大，适用于重载和冲击载荷的 场合；极限转速低

三、滚动轴承的代号

1. 根据 GB/T 272—93 规定滚动轴承的代号（除滚针轴承外）由前置代号、基本代号和后置代号三部分组成，见表 13-2。滚动轴承类型代号见表 13-3。内径≥10mm 的滚动轴承内径代号见表 13-4。常用轴承的组合代号见表 13-5。

表 13-2 滚动轴承前置代号、基本代号和后置代号

前置代号		前置代号是轴承在结构形状、尺寸、公差、技术要求等有改变时，在其基本代号左边添加的补充代号，用字母表示。如：L表示可分离轴承的可分离内圈或外圈。一般情况下可部分或全部省略。详细内容可查阅《机械设计手册》中相关标准规定
基本代号	类型代号	类型代号表示轴承的基本类型、结构和尺寸，是轴承代号的基础，用数字或字母表示
	尺寸系列代号	轴承的宽（高）度系列代号：表示内、外径相同而宽（高）度不同的轴承系列，向心轴承的宽度系列代号有8、0、1、2、3、4、5和6，宽度尺寸依次递增。推力轴承用高度系列代号有7、9、1和2，高度尺寸依次递增
		直径系列代号：表示内径尺寸相同而具有不同外径的轴承系列。代号有7、8、9、0、1、2、3、4和5
	内径代号	一般由两位数字表示，紧接在尺寸系列代号之后注写
后置代号		后置代号是轴承在结构形状、尺寸、公差、技术要求等有改变时，在其基本代号右边添加的补充代号，用字母（或加数字）表示，与基本代号空半个汉字距（代号中有符号"—"、"/"除外）。一般情况下可部分或全部省略
	1	内部结构
		表示同一类型轴承的不同内部结构，用紧连着基本代号后的字母表示。如C、AC、B分别表示公称接触角 α 为15°、25°、40°的角接触球轴承
	2	密封与防尘，套圈变型
	3	保持架及其材料
	4	轴承材料
	5	公差等级
		共有六级，代号为：/P0、/P6、/P6x、/P5、/P4、/P2，精度依次由低级到高级，/P0级为常用普通级，在轴承代号中可省略不标
	6	游隙
		游隙是指轴承的一个套圈固定，另一个套圈由一个极限位置到另一个极限位置的移动量。共有六级，代号为：/C1、/C2、/C0、/C3、/C4、/C5，游隙依次增大，对应符合标准规定的游隙1、2、0、3、4、5组，/C0为常用的基本游隙，可省略不标。公差等级代号与游隙代号同时标注时，可省去后者字母，如/P6、/C3，可标注为/P63
	7	配置
	8	其他

表 13-3 滚动轴承类型代号

代号	轴承类型	代号	轴承类型
0	双列角接触球轴承	6	深沟球轴承
1	调心球轴承	7	角接触球轴承
2	调心滚子轴承和推力调心滚子轴承	8	推力圆柱滚子轴承
3	圆锥滚子轴承	N	圆柱滚子轴承，双列或多列用字母NN表示
4	双列深沟球轴承	U	外球面球轴承
5	推力球轴承	QJ	四点接触球轴承

表 13-4 内径≥10mm 的滚动轴承内径代号

内径代号（两位数）	00	01	02	03	04-96
轴承内径	10	12	15	17	代号×5

表 13-5 常用轴承的组合代号

轴承类型	类型代号	尺寸系列代号	组合代号	轴承类型	类型代号	尺寸系列代号	组合代号
深沟球轴承	6	18	618	圆柱滚子轴承	N	10	N（10）
		19	619			（0）2	N2
		（1）0	60			22	N22
		（0）2	62			（0）3	N3
		（0）3	63	推力球轴承	5	22	522
		（0）4	64			23	523
角接触球轴承	7	（1）0	70			24	524
		（0）2	72			32	532
		（0）3	73	调心球轴承	1	（0）2	12
		（0）4	74		（1）	22	22
圆锥滚子轴承	3	02	302		1	（0）3	13
		03	303		（1）	23	23
		13	313	调心滚子轴承	2	13	213
		20	320			22	222
		22	322			23	223
		23	323			30	230

2. 滚动轴承代号示例

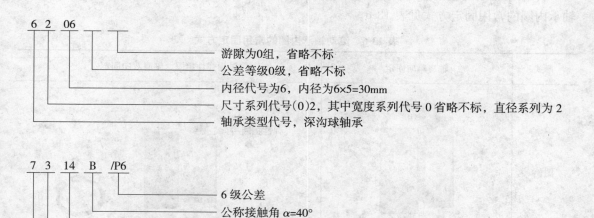

6 2 06

游隙为0组，省略不标
公差等级0级，省略不标
内径代号为6，内径为6×5=30mm
尺寸系列代号（0）2，其中宽度系列代号 0 省略不标，直径系列为2
轴承类型代号，深沟球轴承

7 3 14 B /P6

6级公差
公称接触角 α=40°
内径代号为14，内径为14×5=70mm
尺寸系列代号（0）3，其中宽度系列代号 0 省略不标，直径系列为3
轴承类型代号，角接触球轴承

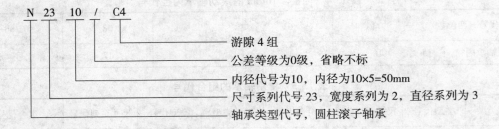

N 23 10 / C4
游隙 4 组
公差等级为0级，省略不标
内径代号为10，内径为10×5=50mm
尺寸系列代号23，宽度系列为2，直径系列为3
轴承类型代号，圆柱滚子轴承

四、滚动轴承类型的选择

滚动轴承的类型很多，可根据表 13-1 中各类轴承的特性，参照机械中的使用经验，并考虑下列因素来选择：

1. 载荷的大小、方向、性质　载荷小而平稳时，可选球轴承；大而有冲击时，宜选滚子轴承；只承受径向载荷，应选向心轴承；只承受轴向载荷，应选推力轴承；同时承受径向载荷和轴向载荷，但轴向载荷比径向载荷小时，可选深沟球轴承或公称接触角较小的角接触球轴承；轴向载荷比径向载荷大时，可选公称接触角较大的角接触球轴承或圆锥滚子轴承。

2. 轴承的转速　高速用球轴承，低速用滚子轴承；推力轴承极限转速较低，一般不用于高速，如转速较高又需承受纯轴向载荷时，可选深沟球轴承或角接触球轴承。

3. 经济性　球轴承比滚子轴承便宜，普通结构比特殊结构便宜，公差等级低的比公差等级高的便宜。

4. 特殊要求　轴的弯曲变形较大选调心轴承，空间受到限制时选轻系列或滚针轴承，经常拆卸时选内、外圈可分离的轴承。

五、滚动轴承的固定

1. 滚动轴承的轴向固定　滚动轴承的轴向固定是为了防止轴在工作中出现窜动。滚动轴承内圈的常用固定方式见表 13-6。

表 13-6　滚动轴承内圈的常用固定方式

形式	轴肩单向固定	轴用弹性挡圈、轴肩双向固定
图例		弹性挡圈
形式	轴端挡圈、轴肩双向固定	圆螺母、轴肩双向固定

（续）

形式	轴端挡圈、轴肩双向固定	圆螺母、轴肩双向固定
图例	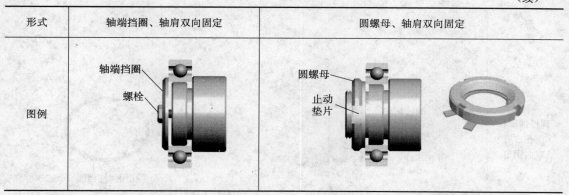	

滚动轴承外圈的常用固定方式见表13-7。

表 13-7　滚动轴承外圈的常用固定方式

形式	图　　例
轴承盖 单向固定	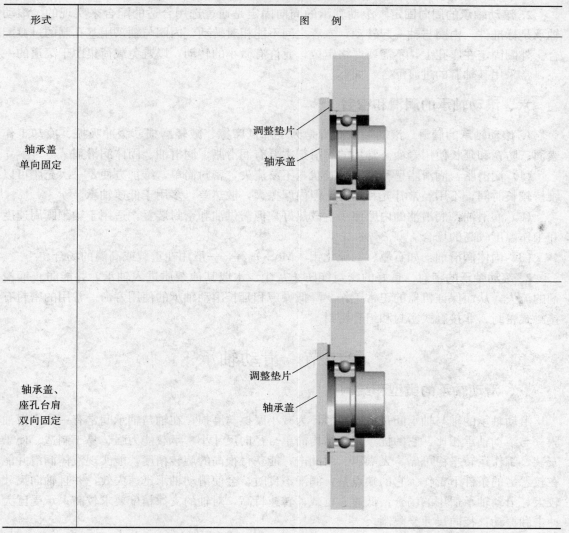
轴承盖、 座孔台肩 双向固定	

（续）

形式	图 例
弹性挡圈和座孔台肩双向固定	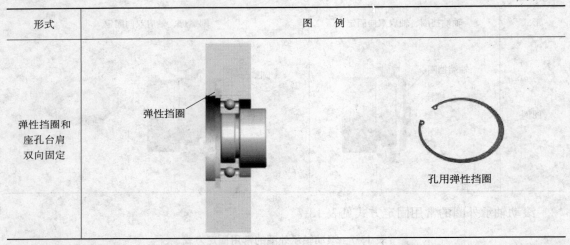

2. 滚动轴承的周向固定 滚动轴承的周向固定是通过选用合适的配合来实现的。滚动轴承是标准件，内圈与轴一起转动，二者之间不能相对转动，内圈与轴采用基孔制的过渡配合。外圈固定在座孔上，不需要严格定位，允许有微小的转动，以避免载荷集中于滚道的一点，常采用基轴制的过渡配合，如 N7。

六、滚动轴承的润滑和密封

1. 滚动轴承的润滑 滚动轴承润滑是为了降低摩擦、减轻磨损、缓冲吸振、冷却工作表面、防锈和延长使用寿命。常用的润滑剂主要有润滑脂、润滑油、固体润滑剂。

（1）润滑脂：润滑脂呈黏稠的凝胶状，不易流失，密封简单，维护方便，一次充脂可以维持较长时间，不用经常补充和更换。但内摩擦大，散热差，多用于低速轴承。

（2）润滑油：润滑油的内摩擦小，散热好，但需供油和密封装置，适用于轴颈圆周速度和工作温度较高的场合。

（3）固体润滑剂：如石墨、二硫化钼（MoS_2）等，一般用在重载或高温的场合。

2. 滚动轴承的密封 良好的密封能防止灰尘、水或其他杂质进入轴承，并能防止润滑剂的流失，从而保证机器的正常工作、降低噪声和延长滚动轴承的使用寿命。常用的密封有接触式密封、非接触式密封和组合密封。

第二节 滑动轴承

一、滑动轴承的类型和结构

滑动轴承的轴与轴承间是滑动摩擦，为减小摩擦与磨损，在轴与轴承间常有一层润滑油膜。与滚动轴承相比，它的优点是：结构简单、径向尺寸小、承载能力强、易于制造、便于安装，工作运转平稳可靠、无噪声、耐冲击，能获得很高的旋转精度，能实现液体润滑并能在较恶劣的条件下工作。它的缺点是：润滑不良时，会使滑动轴承迅速失效，并且轴向尺寸较大。滑动轴承适用的场合：低速、重载；转速特高，对轴的支撑精度要求较高；承受巨大冲击和振动；径向尺寸受限制。

（1）滑动轴承按承受载荷方向的不同分为：

①径向滑动轴承。承受径向载荷。

②止推滑动轴承。承受轴向载荷。

③径向止推滑动轴承。同时承受径向载荷和轴向载荷。

（2）滑动轴承按润滑和摩擦状态的不同分为：

①液体摩擦滑动轴承：轴与轴承间有一层润滑油膜，两金属面间不直接接触，能很大程度地降低磨损。

②非液体摩擦滑动轴承：轴与轴承间也有一层油膜，但很薄，不能完全避免两金属表面间凸起部分的直接接触，磨损较液体摩擦大。

（3）滑动轴承常见类型及结构特点见表13-8。

表 13-8 常用滑动轴承的类型及结构特点

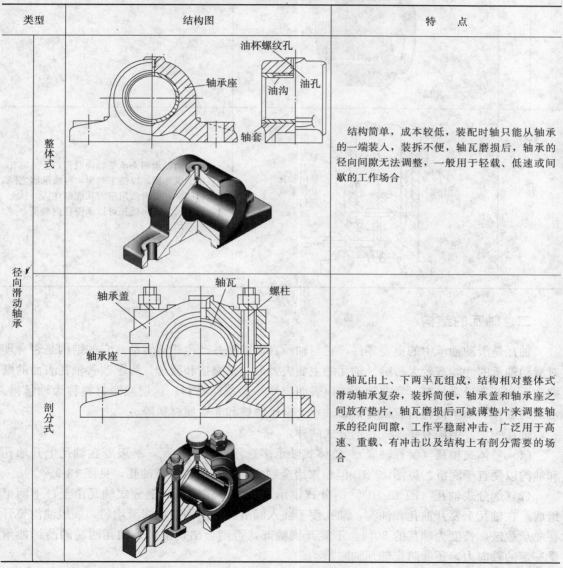

类型		结构图	特 点
径向滑动轴承	整体式		结构简单，成本较低，装配时轴只能从轴承的一端装入，装拆不便，轴瓦磨损后，轴承的径向间隙无法调整，一般用于轻载、低速或间歇的工作场合
	剖分式		轴瓦由上、下两半瓦组成，结构相对整体式滑动轴承复杂，装拆简便，轴承盖和轴承座之间放有垫片，轴瓦磨损后可减薄垫片来调整轴承的径向间隙，工作平稳耐冲击，广泛用于高速、重载、有冲击以及结构上有剖分需要的场合

（续）

类型		结构图	特 点
径向滑动轴承	调心式	可动轴瓦 固定轴瓦 球面	轴瓦与轴承座之间是球面接触，轴瓦可动，能自动适应轴弯曲时轴线的倾斜，避免固定轴瓦边缘过度磨损。用于轴的挠度较大的场合
止推滑动轴承		轴承座 套筒 径向轴瓦 止推轴瓦 销钉 出油 进油	止推滑动轴承用来承受轴向载荷，止推轴瓦的底部制成球面，以便于对中，与轴承座之间用销钉固定，润滑油用压力从底部注入，从上部油管流出。径向轴瓦可以承受径向载荷，并固定轴颈的位置

二、轴瓦的结构

轴瓦是滑动轴承中的重要零件，它与轴颈直接接触并产生相对转动，它的结构是否合理对滑动轴承的性能有较大影响。轴瓦的主要失效形式是磨损和胶合，为了改善轴瓦表面的摩擦性质和节省贵重材料，常在轴瓦的内表面浇注一层减摩材料，这层减摩材料称为轴承衬。常用的轴瓦和轴承衬材料有锡青铜、轴承合金、铸铁和非金属材料等。

轴瓦的主要结构有整体式和剖分式两种。

（1）整体式轴瓦（又称轴套）：整体式轴承多选用整体式轴瓦，一般要在轴瓦上开油孔和油沟以便宜于润滑，见图 13-8，但粉末冶金制成的轴瓦通常不带油孔，见图 13-9。

（2）剖分式轴瓦（图 13-10）：剖分式轴承采用剖分式轴瓦，剖分式轴瓦由上、下两半组成，在轴瓦上要开油孔和油沟，油孔便于注入润滑油，油沟能使润滑均匀，一般油沟要开在非承载区，长度为轴瓦的 80%，不能开到端部，否则会出现漏油。轴瓦两端的凸缘能承受一定的轴向力，还能防止轴瓦轴向窜动。

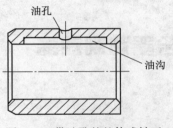

图 13-8　带油孔的整体式轴瓦

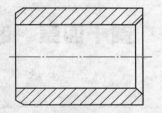

图 13-9　不带油孔的整体式轴瓦

图 13-10　剖分式轴瓦

三、滑动轴承的润滑

滑动轴承润滑能降低磨损，起到散热、冷却工作表面的作用，还能减振和防锈，好的润滑能延长滑动轴承的使用寿命，保证机器的正常运转，为了保证轴承有良好的润滑，应该正确选择润滑剂和润滑方式。

常用的润滑剂有润滑油（液态）、润滑脂（半固体的、在常温下呈油膏状）和固体润滑剂（石墨、二硫化钼等）。润滑油依据轴颈圆周速度和压强选择，润滑脂依据轴颈圆周速度、压强和工作温度选择。滑动轴承的润滑方式可采用针阀式油杯、旋套式油杯等间歇润滑，或采用芯捻式油杯等连续润滑。

练　习　题

1. 轴承根据摩擦性质不同分为＿＿＿＿＿＿＿、＿＿＿＿＿＿＿两大类。

2. 滚动轴承由＿＿＿＿＿＿＿、＿＿＿＿＿＿＿、＿＿＿＿＿＿＿、＿＿＿＿＿＿＿四部分组成。

3. 滚动轴承代号：30212/P53 的含义是＿＿＿＿＿＿＿＿＿＿＿＿＿＿＿＿＿＿＿＿。

4. 滚动轴承类型的选择应考虑＿＿＿＿＿＿＿、＿＿＿＿＿＿＿、＿＿＿＿＿＿＿、＿＿＿＿＿＿＿因素。

5. 滚动轴承内圈轴向固定的方式主要有＿＿＿＿＿＿＿、＿＿＿＿＿＿＿、＿＿＿＿＿＿＿。

6. 滑动轴承按承受载荷方向的不同分为＿＿＿＿＿＿＿、＿＿＿＿＿＿＿、＿＿＿＿＿＿＿。

7. 径向滑动轴承的主要形式有＿＿＿＿＿＿＿、＿＿＿＿＿＿＿、＿＿＿＿＿＿＿。

第十四章 联轴器、离合器和制动器

 看一看

观察图 14-1，图 14-2，图 14-3。

图 14-1 减速器

图 14-2 汽车

图 14-3 汽车变速器

 想一想

汽车在行驶过程换挡，依靠什么来断开和接合发动机与变速箱，又依靠什么让车子停下来呢？

电动机依靠联轴器和减速器连接起来传递转矩和运动；汽车换挡前靠离合器暂时断开发动机与变速箱的连接，换挡后又靠离合器实现接合；汽车要安全可靠的停下来就要刹车，就要用到制动器。在我们的日常生活和生产中还有很多地方用到联轴器、离合器和制动器才能保证机器的正常运转。

第一节 联 轴 器

联轴器是机器中常用部件之一，其作用是将两根轴连成一体，将一根轴的运动和转矩传递给另一根轴，使两根轴同时旋转。联轴器连接的两根轴只有在机器停止运转后，才能用拆卸的办法使其分离，这一点不同于离合器连接两轴，离合器连接两轴可以在机器运转的过程中随时断开和接合，无需停下机器。

联轴器连接的两轴，由于制造、安装、受载变形等原因导致两轴间出现轴线径向偏移、

轴向偏移、角偏移或综合偏移等情况（图 14-4），这就要求联轴器要能对轴线偏移有一定的补偿能力，根据有无轴线偏移补偿能力，将联轴器分为刚性联轴器和挠性联轴器两大类，常用联轴器的类型、结构、特点及应用见表 14-1。

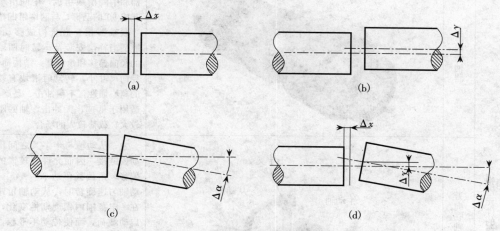

图 14-4 轴线偏移形式
（a）轴向偏移 （b）径向偏移 （c）角偏移 （d）综合偏移

表 14-1 常见联轴器的类型、结构、特点及应用

类 型	图 例	特点及应用
刚性联轴器 — 凸缘联轴器		利用两个半联轴器上的凸肩和凹槽相嵌合对中，通过键将联轴器和轴相连，再用螺栓将两个半联轴器连在一起，结构简单，装拆方便，可传递较大转矩，适用于两轴对中精度高、低速、载荷平稳、经常装拆的场合
刚性联轴器 — 套筒联轴器		结构简单，径向尺寸小，同心度要求高，利用公共套筒和键或销连接两轴，键连接传递转矩较大，销连接传递转矩较小，销连接需将套筒和轴固定后配钻并铰孔，套筒联轴器转动惯量小，适用于起动频繁和速度常变化的场合

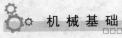

机械基础

（续）

类　型			图　例	特点及应用
挠性联轴器	无弹性元件的联轴器	滑块联轴器		由两个用键与轴连接的半联轴器和中间滑块组成，中间滑块有互成 $90°$ 的凸榫，与两端带凹槽的半联轴器相互嵌合构成移动副，能适当补偿安装及运转时两轴间的径向偏移和角偏移，结构简单，径向尺寸小，转动时滑块有较大的离心惯性，不耐冲击、易磨损。适用于低速，无冲击，轴的刚度较大，载荷较大的场合
		万向联轴器	十字叉 主动轴　从动轴	主、从动轴与十字叉之间构成动铰链接，因而允许有较大的角偏移，角偏移可达 $35°\sim45°$。主动轴匀速旋转时，从动轴角速度在一定范围内做周期性变化，引启动载荷，而使传动不平稳，为克服这一缺点，通常成对使用。适用于连接夹角较大的两轴，在汽车、拖拉机和金属切削机床中广泛应用
		齿式联轴器		两个带外齿的半联轴器与主、从动轴相连，两个带内齿的凸缘用螺栓坚固，利用内外齿的啮合实现两轴连接，结构紧凑，传递转矩大，能补偿综合偏移，成本较高，适用于高速、重载、频繁启动和经常正反转的场合
	有弹性元件联轴器	弹性套柱销联轴器	弹性套 柱销	有弹性元件，构造与凸缘联轴器相似，只是用带有弹性套的柱销代替了连接螺栓，工作时通过弹性套传递转矩，通过弹性套的变形能补偿两轴间的相对偏移，能起到缓和冲击和吸收振动的作用。制造简单，装拆方便，成本低，弹性套易磨损，使用寿命短，适用于频繁启动的高，中速轴的中、小转矩传动

（续）

类　型			图　例	特点及应用
挠性联轴器	有弹性元件联轴器	弹性柱销联轴器	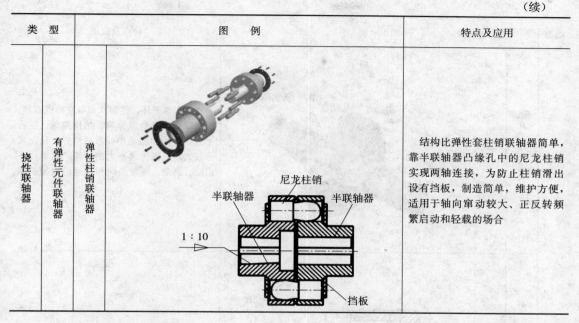	结构比弹性套柱销联轴器简单，靠半联轴器凸缘孔中的尼龙柱销实现两轴连接，为防止柱销滑出设有挡板，制造简单，维护方便，适用于轴向窜动较大、正反转频繁启动和轻载的场合

第二节　离合器

　　离合器也是机器中的常用部件之一，作用和联轴器一样，可以将两根轴连在一起，使其一起转动和传递转矩。和联轴器的不同在于，离合器连接的两轴在机器运转的过程中能随时接合和分离，而联轴器连接的两轴必须在机器停止运转后，用拆卸的办法才能分开。

　　离合器的工作可靠，接合迅速平稳，分离彻底，动作准确，调整方便，能满足空载启动、过载保护、换向、变速等机械传动要求。离合器可分为嵌合式离合器和摩擦式离合器两大类，常用联轴器的类型、结构、特点及应用见表 14-2。

表 14-2　常用离合器的类型、结构、特点及应用

类型	图　例	特点及应用
嵌合式离合器	左半离合器　对中环　右半离合器	通过两个端面带牙的半联轴器相互嵌合来传递转矩，左半离合器用键与螺钉固定在主动轴上，右半离合器用导向键或花键与从动轴相连，工作时操纵机构带动右半离合器做轴向移动，使离合器接合或分离。牙形有三角形（易结合、强度低，用于轻载）、矩形（强度高，嵌入脱开难，磨损后无法补偿，用得少）、梯形（强度高，磨损后能自动补偿，冲击小，应用广）等，结构简单，尺寸小、操作方便省力，多用于低速场合

（续）

类型	图 例	特点及应用
单片式摩擦离合器	主动盘 从动盘 滑环 从动轴 主动轴	通过操纵滑环，控制从动盘左移或右移，使两摩擦盘接合或分离，结构简单，接合平稳，冲击和振动小，散热性好，径向尺寸较大，只能传递不大的转矩，通常用在启动、制动、频繁换向和变速的轻型机械上
摩擦式离合器 / 多片式摩擦离合器	1 2 3 4 5 6 7 8 9 10 外摩擦片 内摩擦片	主动轴 1、外壳 2 和一组摩擦片 4 构成主动部分，外摩擦片可沿外壳 2 的槽移动，从动轴 9、套筒 10 和一组摩擦片 5 构成从动部分，滑环左移，杠杆 7 顺转，通过压板 3 压紧两组摩擦片，产生摩擦力使主动轴带动从动轴旋转，滑环右移，杠杆 7 逆转，两组摩擦片松开，主、从动轴分离，双螺母 10 可以调整摩擦片间的压力。这种离合器摩擦面多，传递的转矩大，径向尺寸小，但结构较复杂，适用于空间小而传递转矩大的场合

第三节　制　动　器

制动器是利用摩擦力降低机器上转动部件的转速或使其停止转动的装置。常见制动器的类型、结构、特点及应用见表 14-3。

表 14-3　常用制动器的类型、结构、特点及应用

类型	图　例	特点及应用
带式制动器		制动带 4 在重锤 2 的重力作用下通过杠杆 1 使制动器处于紧闸状态，此时制动带包紧制动轮 5，靠带与轮间的摩擦力达到制动，当电流接通时，电磁铁 3 的磁力提起杠杆松闸。带式制动器结构简单、紧凑，主要用于对制动时间要求不太严格的场合，如电动自行车的制动
内涨式制动器		两个制动蹄 1 通过两个销轴 2 分别与机架的制动底板铰接，制动轮 3 与被制动轴固接在一起。当压力油进入油缸 4 后，推动左、右两活塞，两制动蹄在活塞的推动力 F 作用下克服弹簧力使制动蹄压紧制动轮内圆柱面，从而实现制动。结构紧凑，广泛用于各种车辆及结构尺寸受限制的场合
外抱块式制动器		主弹簧 8 通过右制动臂 15 使瓦块 11、14 压紧在制动轮 12 上，松闸时，液压电磁铁 1 通往电流，通过电磁作用顶起顶柱，通过螺杆 6 使右制动臂带动瓦块 11、14 与制动轮 2 松开，结构紧凑，紧闸和松闸动作快，但冲击力大，不适用于制动力矩大和经常启动的场合

练 习 题

1. 联轴器和离合器的作用是什么？二者有何区别？
2. 常用的联轴器有_____、_____两类。
3. 常用的离合器有_____、_____两类。
4. 常用的制动器有_____、_____、_____。
5. 制动器的作用是什么？

实训五　支撑零部件的拆装

一、轴承的拆装

1. 拆装方法　压力法（用拉压的外力进行拆装）、温差法（用温度变化使物体产生热胀冷缩进行拆装）。

2. 拆装工具及设备　二爪（图 14-5）或三爪拉马（或称拉杆拆卸器，见图 14-6）、手锤及辅助工具、液压压力机（图 14-7）、轴承电磁加热器（图 14-8）等。

图 14-5　二爪拉马　　　图 14-6　三爪拉马　　　图 14-7　液压压力机　　　图 14-8　轴承电磁加热器

3. 拆装注意事项

（1）拆时应清楚拆卸方向并确定是否有其他固定装置。

（2）从轴上拆装滚动轴承时，受力部位应是轴承的内圈，并且沿圆周方向受力要均匀。

（3）使用手锤和辅助工具拆卸时，如将轴固定不动，可用合适大小的铜棒沿轴承内圈周边对称交替用力将轴承敲出。如轴尺寸和质量不大，可将轴承内圈垫实，用铜棒敲打轴头，沿轴线方向加力，如轴端有螺纹，应将轴头螺母拧入 2/3 以上再敲打，以防把轴头敲变形，同时应将轴托住，防止掉地，见图 14-9，安装时将轴支撑稳固，选择合适套筒使轴承受力作用在内圈上，将轴承送到规定位置。

（4）使用拉马拆卸时，应根据轴承大小选用合适的拉马，拉马脚要作用在内圈上，使轴承内圈受力均匀，顶杆作用力要通过轴心，防止轴承损坏或变形，见图 14-10。

（5）过盈量较大的轴承可用压力机拆装，操作时选择合适的辅助工具，压力沿轴线方向并用力均匀合适。

（6）对于过渡配合或过盈量小的小型轴承，可使用手锤与辅助套筒安装，见图 14-11。

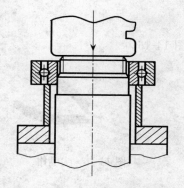
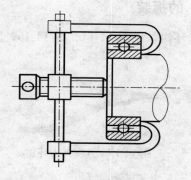
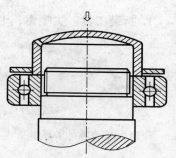

图 14-9 铜棒敲打轴头拆卸轴承　　　图 14-10 拉马拆卸轴承　　　图 14-11 利用套筒安装轴承

（7）对于中大轴承或过盈量大的轴承也可采用温差法拆装，加热温度为 80～100℃，不允许超过 120℃，现采用电磁加热器加热比较方便快捷。

二、齿轮和皮带（链）轮

1. 拆装方法　常用压力法。

2. 拆装工具及设备　二爪或三爪拉马（或称拉杆拆卸器）、手锤及辅助工具、液压压力机。

3. 拆装注意事项

（1）对紧度不大的齿轮和带（链）轮，可选择合适的拉马拆卸，脚爪应紧抓零件圆周端面，脚爪沿圆周方向的作用力应均匀，顶杆作用力要通过轴心。安装时可用手锤或压力机进行。轴端受力处应加护轴垫块，见图 14-12。

（2）对紧度大的齿轮或带（链）轮，可选择合适压力的压力机及辅助工具进行拆装，压力沿轴线方向并用力均匀适度，操作时注意安全，防止零件歪斜使其损坏并伤人，见图 14-13。

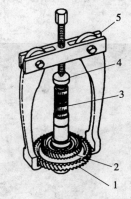

图 14-12　用两爪拉马拆轴上齿轮
1.1 档齿轮　2.3 档齿轮　3. 中间轴
4. 护轴垫块　5. 拉轮器

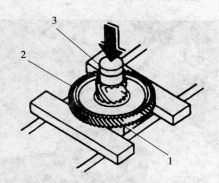

图 14-13　用压力机拆轴上齿轮
1. 中间轴　2.1 档齿轮　3. 垫块

（3）使用专用工具进行拆装。

三、轴上卡环（挡圈）的拆装

1. 拆装工具　尖嘴钳、卡环钳，见图14-14、图14-15、图14-16。

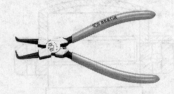

图14-14　弯嘴外卡环钳　　　　图14-15　直嘴外卡环钳　　　　图14-16　尖嘴钳

2. 拆装方法及注意事项

（1）图14-17所示轴上带孔外卡环，选择合适大小的外卡环钳，将卡环钳的头部尖端放入卡环的两孔中（或端面开口中），右手握紧钳柄使卡环张开，用平口螺丝刀拨出环槽后，左手沿轴线方向将卡环取出。装配时按相反方向进行。操作时两手配合应协调，防止卡环飞出伤人。见图14-18。

图14-17　外卡环的拆卸　　　　　　　　　图14-18　端面带孔卡环（挡圈）

（2）内卡环的拆装：内卡环的拆装使用专用的卡环钳子。内卡环拆卸见图14-19，用卡环钳子使卡环缩口，同时用螺丝刀撬出。内卡环装配见图14-20，用卡环钳子使卡环缩口，放入环槽的适当位置时松开卡环钳子，使卡环复位并定位。

图14-19　内卡环拆卸　　　　　　　　　图14-20　内卡环装配

（3）图14-21所示轴上C型卡环，选择合适大小的尖嘴钳，用尖嘴钳端面沿径向方向用力推卡环开口端，将卡环推出轴端一部分后，再用尖嘴钳夹住另一端用力拔出卡环，装配时按相反方向进行。或拆卸时用合适大小的平口螺丝刀，一只手将卡环轻轻拨出，另一只手将卡环护住，防止飞出。

图 14-21　C 型卡环拆卸及安装

四、轴上半圆键、平键、圆锥销、开口销、零件紧定螺钉拆装注意事项

1. 半圆键（平键）拆卸时可用平口螺丝刀从一端轻敲推出（或拔出）。安装时将半圆键（平键）放入槽内，用小锤轻敲使其落实到位。

2. 圆锥销拆卸时可用合适冲子从小端受力，将其冲出。安装时使零件上销孔与轴上销孔对正，将销子从孔的大端放入，轻敲销子大端使其到位。

3. 开口销拆卸时用手钳把开口端捏拢，向另一端推出一部分后，用手钳拔出。安装时将零件销孔与轴孔对正后将开口销穿入，到位后将开口端撑开到适度位置。

4. 零件紧定螺钉安装时，应使零件上螺钉孔与轴上螺钉孔对正，然后在拧入螺钉，拧进时应试着用力，防止孔没有对正时，用力较大把螺钉损坏，同时螺钉也不能到位。

第五篇

液压和气压传动

第十五章　液压和气压传动

学习目标
- 理解液压、气压传动的基本原理。
- 掌握液压、气压传动的基本理论和两个重要参数。
- 了解液压、气压元件的结构，掌握各元件的功用、符号、工作特性和调整方法。
- 能够分析简单的液压、气压回路。

第一节　液压传动概述

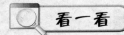
看一看

观察图 15-1、图 15-2 所示注射器吸药水、注射药水的过程。

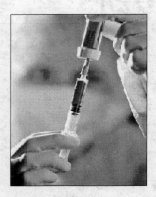

图 15-1　注射器吸取药液

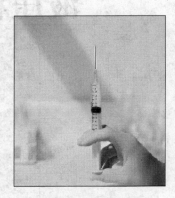

图 15-2　注射药液

想一想
　　注射器是怎样实现吸取药液，注射药液时为什么病人紧张肌肉紧缩，护士推注费力？

　　液压和气压传动是用液体和气体作为工作介质来传递能量和进行控制的传动方式。液压传动和气压传动称为流体传动，是根据 17 世纪帕斯卡提出的液体静压力传递原理而发展起来的一门新兴技术，是工农业生产中广为应用的一门技术。如今，流体传动技术水平的高低已成为一个国家工业发展水平的重要标志。

一、液压传动的应用

从军用到民用，从重工业到轻工业，到处都有流体与控制技术。如：飞机和导弹的驱动，海底石油探测平台的固定；炮塔的稳定，煤矿矿井的支撑，火车的刹车装置，液压装载（图 15-1）、起重、挖掘；轧钢机组，数控机床（图 15-2），多工位组合机床，液压机械手；农业机械的悬挂（图 15-3）等。

图 15-3　装载机　　　　　　　　图 15-4　数控机床　　　　　　图 15-5　农业机械的悬挂

二、液压传动的优缺点

1. 液压传动的优点

（1）体积小、重量轻（与同功率电动机相比，液压泵只有其重量的 $1/20 \sim 1/10$）、工作平稳、反应快、冲击小。

（2）易获得大的转矩（如油缸直径为 30cm，推力为 140t 时，液压力约有 20MPa）。

（3）可实现无级变速，且调速范围大，可达 $2\,000:1$。

（4）油液为工作介质，元件自行润滑，磨损小，使用寿命长。

（5）操控简便，自动化程度高，采用电、液联合控制后还可实现遥控，可自动实现过载保护。

（6）液压元件实现了标准化，系列化，通用化，便于设计、制造和使用。

2. 液压传动的缺点

（1）液体流动有阻力损失和泄漏存在，传动效率较低。

（2）传动中的泄漏和液体的可压缩性，无法保证严格的传动比。

（3）对液压元件制造精度要求高，工艺复杂，成本较高。

（4）对维护的要求高，工作油要始终保持清洁，液压元件维修较复杂，且需有较高的技术水平。

（5）液压传动对油温变化较敏感，工作稳定性差，不宜在很高或很低的温度下工作，一般工作温度在 $-15 \sim 60℃$。

第二节　液压传动的工作原理及组成

看一看

观察图15-6所示手动液压千斤顶。

图15-6　手动液压千斤顶

想一想

手动液压千斤顶是怎样利用提压手柄的动力，实现将重物顶起的？

一、液压传动基本原理

以手动液压千斤顶为例，来说明液压传动的工作原理。

在图15-7中，由单向阀4，放油阀11、活塞3、活塞9和单向阀7形成了两个独立的密封的空间。当提起杠杆1时，活塞3上升，泵体2下腔的容积增大，形成局部真空，于是油箱中的油液推开单向阀4，此时单向阀7关闭，进入泵腔，完成吸油过程。当压下杠杆1，活塞3下移，泵腔容积减小，压力升高，关闭单向阀4，推开单向阀7，油液进入缸体8内，此时放油阀11是关闭的，推动活塞9向上运动，顶起重物。反复提压杠杆，就可以实现反复吸油、压油，重物不断上升，达到起重的目的。放下重物时，可打开放油阀11，重物在自重的作用下实现回程，缸体内的油液流回油箱。

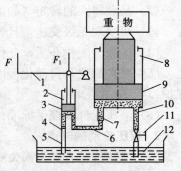

图15-7　手动液压千斤顶原理图
1.杠杆　2.泵体　3、9.活塞
4、7.单向阀　5.吸油管
6.管路　8.缸体　10.放油管
11.放油阀　12.油箱

由此可知，通过泵腔容积大小的变化，实现吸油、压油；通过油液内部压力的传递，实现重物的提升。所以，液压传动的原理是以液体为工作介质，通过密封容积的变化来传递运动，通过油液内部压力来传递动力。

二、液压系统基本组成

由液压千斤顶实例可以看出，液压系统主要由以下几个部分组成：

1. 动力元件 液压泵，它是能量输入装置，将原动机输入的机械能转换成液体的压力能。

2. 执行元件 液压缸或液压马达，它是能量的输出装置。将液体的压力能转换成机械能（直线或回转运动），完成所需动作。

3. 控制元件 各种控制阀（压力阀、方向阀、流量阀）。用来控制液压系统所需压力、流量、方向，以保证执行元件实现各种工作的要求。

4. 辅助元件 各种管接头、油管、油箱、过滤器、蓄能器和压力计等，将前三部分连接起来，组成一个系统，以保证系统可靠稳定的工作。

5. 工作介质 液压油，它是传递能量的介质。它直接影响整个系统的工作性能。

三、液压传动系统的图形符号

GB/T786.1—1993制定了液压气动元件的职能图形符号，它们只表示元件的职能，控制方式及外部连接口，不表示元件的具体结构、参数及连接口的实际位置和元件的安装位置（注意：液压元件符号均以元件的静止位置或零位表示）。大大简化了液压系统图的绘制。

第三节 液压传动理论基础

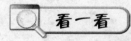

观察图15-8手动液压千斤顶示意图。

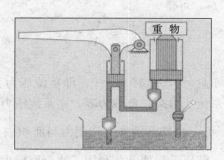

图 15-8 手动液压千斤顶示意图

 想一想
为什么我们用很小的力就可以顶起几吨的重物？

静压传递原理、液流连续性原理和伯努利方程是液压传动的基本理论。压力和流量是液压传动的两个重要参数。

一、液体的静压力与静压传递原理

1. 液体的静压力 p 是液体单位面积上受到的法向作用力（液体只能受压，不能受拉，且总是垂直指向承压面）。物理学中称压强，工程实际中习惯称为压力。

（1）压力单位是 Pa，工程中常用 kPa 和 MPa，它们的关系是 $1MPa = 10^3 kPa = 10^6 Pa$。

（2）压力有两种表示方法：绝对压力和相对压力。

①绝对压力。以绝对真空（零压力）为基准测量的压力。

②相对压力。以大气压力为基准测量的压力。大多数测压仪表测得的压力都是相对压力。通常工程中所说的压力也都是相对压力。绝对压力＝相对压力＋大气压力。

（3）具有真空：当绝对压力低于大气压力时，习惯上称具有真空。

2. 静压传递原理（帕斯卡原理）

加在密闭液体上的压力能够大小不变地由液体向各个方向传递，这一规律即为帕斯卡原理（静压传递原理）。静压传递原理在液压系统中（密闭的空间）的应用，见图 15-9。

大小活塞面积分别为 A_1、A_2，在大活塞 A_2 上加重力 W，小活塞 A_1 上加外力 F，

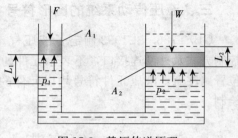

图 15-9　静压传递原理

则大液压缸中的压力为：

$$p_2 = \frac{W}{A_2}$$

小液压缸中的压力为：

$$p_1 = \frac{F}{A_1}$$

据帕斯卡原理，由 $p_1 = p_2$，可得

$$\frac{F}{A_1} = \frac{W}{A_2} \tag{15-1}$$

由式（15-1）可知：

（1）如果重力 $W = 0$，则 $p_2 = 0$，此时 $p_1 = 0$，即系统压力为零。这说明，系统中的压力取决于负载。负载大，则系统压力高；负载为零，则系统压力为零。

（2）由 $\frac{F}{A_1} = \frac{W}{A_2} \rightarrow \frac{A_2}{A_1} = \frac{W}{F}$ 可知两活塞上作用力与面积成正比。即两活塞的面积比越大，大活塞输出的力就越大。液压千斤顶就是利用了这个原理来工作的。

3. 液压系统压力由负载决定　液压传动中，整个液压系统是个密闭的容积，当液压泵启动并向系统供油，油液试图增大密封容积，而活塞受到负载 F 的作用而阻碍这个密封容积的增大，油液受到压缩，压力升高。当压力升高到可以克服负载 F 时，活塞被压力油推动。此时油液压力 $p = \frac{F}{A}$（F 为负载，A 为活塞有效作用面积）。液压传动中，压力按大小分五级，见表 15-1。

表 15-1　液压传动的压力分级

单位：MPa

压力分级	低压	中压	中高压	高压	超高压
压力范围	≤2.5	2.5~8.0	8.0~16.0	16.0~32.0	>32.0

二、流量、流速和液流连续性原理

（一）流量 q_V 和流速 v

1. 流量（体积流量）q_V　是指单位时间内通过某过流面的液体的体积（V），单位为 m^3/s，公式为：

$$q_v = \frac{V}{t} \tag{15-2}$$

工程中常用单位为 L/min 或 mL/s，换算关系 $1m^3/s = 6 \times 10^4 L/min$。

2. 流速（平均流速）v　液体在管道中流动时，因油液内部及油液与管壁的摩擦力大小不等，因此它的速度分布是不均匀的。但为便于计算，假定过流断面 A 的流速是均匀分布的。计算公式为：

$$v = \frac{q_v}{A}$$

$$q_v = vA \tag{15-3}$$

（二）液流连续性

理想液体（忽略了黏性和可压缩性）在无分支管路中稳定流动时，等时间内通过每一截面的体积相等。液流连续性原理图见图 15-10。

液流连续性方程：

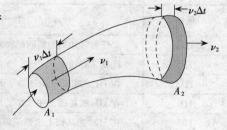

图 15-10　液流连续性原理图

$$A_1 v_1 \Delta t = A_2 v_2 \Delta t$$

$$A_1 v_1 = A_2 v_2 \text{ 或 } q_{v1} = q_{v2} \tag{15-4}$$

液体在无分支管路中流动时，单位时间内流过任何过流断面的流量（q）都是相等的，而流速（v）和过流断面（A）的面积大小成反比。因此，流量一定时，管路细的地方流速大，管路粗的地方流速小。

三、伯努利方程与液流的压力损失

1. 伯努利方程　它是能量守恒定律在流动液体中的表现形式。

理想液体在管内稳定流动时没有能量损失，具有位置势能、压力势能和动能三种形式的能量，且在任一截面上的这三种能量都可以互相转换，但其总和保持不变。

单位质量液体的能量方程（位置势能、压力势能和动能之和为常量）即

$$gh + p + \frac{1}{2}v^2 = 常量 \tag{15-5}$$

在近似水平的管路中流动时（位置势能相等），方程可表示为：

$$p + \frac{1}{2}v^2 = 常量 \tag{15-6}$$

由式（15-6）可知，当管路高低变化较小（位置势能一定）时，液体的流速高（动能大）时，压力低（压力势能小），反之，当流速变低，液体的压力就会变大。

2. 液流压力损失　实际液体在流动过程中，由于摩擦的存在会造成能量损失，且表现为压力损失。

液压系统中的压力损失分为两类，一类是由油液沿等径直管流动时有摩擦产生的沿程压力损失；另一类是液体流经障碍（如弯管、接头、狭缝等截面突变）时，由流向和流速突变产生的局部压力损失。

四、液压油

1. 分类与牌号　液压油种类繁多，分类方式多样，但长期以来习惯以用途进行分类。

液压油名称的表达方法一般是"类—品种—数字"。

$$L - HV - 22$$

└──── 牌号（黏度级：GB3141）
└───── 品种（低温抗磨）
└────── 类别［润滑剂和有关产品（GB7631.1）］

2. 规格与用途　在 GB/T 7631.2—87 分类中的 HH、HL、HM、HR、HV、HG 液压油均属矿油型液压油，这类油的品种多，使用量约占液压油总量的 85％以上，汽车与工程机械液压系统常用的液压油也多属这类，常用液压油的规格、特性及典型应用见表 15-2。

表 15-2　常用液压油的规格、特性及典型应用

规格	特　　性	典型应用
HH	无任何添加剂的精制矿物油	液压系统中已不使用
HL	抗氧、防锈	通用机床工业润滑油
HM	在 HL 油基础上并改善了其耐磨性	高负荷液压系统
HR	在 HL 油基础上并改善了其黏温特性	温差大的中低压系统
HG	在 HM 油基础上改善了黏滑特性	机床导轨润滑系统及机床液压系统
HV	在 HM 油基础上改善了黏温特性	低温或温差大及车辆中高压系统，可用于－30°以上
HS	合成低温油	工程机械及车辆中高压系统，可用于－30°以下

3. 黏度　液体流动时内部分子之间存在摩擦力的性质，称为液体的黏性。液体的黏性只有在液体流动时才表现出来，而静止的液体不呈现黏性。

液体黏性的大小由黏度来衡量，习惯上用运动黏度值来表示油液的牌号，运动黏度 ν 的单位是 m^2/s（斯）。

实际中标定黏度（牌号值）用 mm^2/s（厘斯）表示。如 40 号液压油，其运动黏度为 $40mm^2/s$（厘斯）。

4. 黏温特性　所有液压油的黏度都随温度的升高而降低。这种液体的黏度随温度而变化的关系，称为油液的黏温特性。在实际液压技术中，希望黏度随温度的变化越小越好。

5. 液压油的选用　液压油应有适当的黏度和良好的黏温特性（黏度随温度变化幅度小），过高的黏度会增加系统压力损失，降低效率，使系统发热；过低的黏度会加大泄漏，降低润滑性能。

在高温或高压条件下工作时，应采用高牌号液压油；低温时或泵的吸入条件不好（压力低，阻力大）时，应采用低牌号液压油。常用液压泵的推荐用油见表15-3。

表15-3 各类液压泵推荐用液压油

液压泵类型		ν（mm²/s）（40℃）		适应液压油的种类和牌号
		液压系统温度 5～40℃	液压系统温度 40～80℃	
齿轮泵		30～70	95～165	中、低压时用 L-HL32、L-HL46、L-HL68、L-HL100、L-HL150； 中高压时用 L-HM32、L-HM46、L-HM68、L-HM100、L-HM50
径向柱塞泵		30～50	65～240	
轴向柱塞泵		30～70	70～150	
叶片泵	7MPa 以上	50～70	55～90	L-HM46、L-HM68、L-HM100
	7MPa 以下	30～50	40～75	L-HM32、L-HM46、L-HM68

第四节　液压动力元件

观察图 15-11、图 15-12 中液压元件的应用。

图 15-11　收割机

图 15-12　起重机

想一想

哪些场合还会用到液压元件？

　　液压动力元件是液压泵，它是液压系统的动力源，向系统提供压力油。它将电动机或其他原动机的机械能转换为液体的压力能。

一、液压泵概述

1. 液压泵的工作原理　液压泵都是容积式泵，它们是通过密封容积的变化来进行吸油和压油；通过配油装置保证吸油时与大气接通，压油时与系统相通的。

2. 液压泵的类型和图形符号 液压泵种类很多，按其输出流量能否调节分为定量泵和变量泵；按输油方向能否改变分为单向泵和双向泵；按结构形式分为齿轮泵、叶片泵和柱塞泵，这几种也是经常使用的。图形符号见图 15-13。

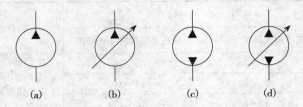

图 15-13　液压泵的类型及图形符号
(a) 单向定量泵　(b) 单向变量泵　(c) 双向定量泵　(d) 双向变量泵

3. 液压泵的性能参数

(1) 工作压力 p（MPa）：液压泵输出油液的压力，其大小由负载决定。

(2) 公称压力 p_N（MPa）：液压泵在使用中允许达到的最大工作压力，超过此值就是过载，应符合国家标准规定。

(3) 公称排量 q（mL/r）：液压泵轴转一转，由其密封容积的几何尺寸变化计算的排出液体体积，应符合国家标准规定。

(4) 公称流量 q_v（L/min）：液压泵在公称转速和公称压力下的输出流量。

(5) 液压泵的输出功率 P（kW）：液压泵输出的液压功率，公式为：

$$P = p q_v \tag{15-7}$$

式中：p、q_v 为输出油液压力和流量。

二、齿轮泵

齿轮泵（图 15-14）有外啮合和内啮合两种结构形式。外啮合齿轮泵优点结构简单、体积小、重量轻、抗污染及自吸性好、工作可靠、成本低等特点，因此广泛应用在各种低压系统（2.5MPa 以下）；缺点是流量和压力脉动大。

1. 外啮合齿轮泵工作原理 在图 15-14 中，由泵体、端盖和一对相互啮合的齿轮形成 A、B 两个密封的工作容积。当主动齿轮带动从动齿轮（转向如图）旋转时，在 A 腔，轮齿不断脱离啮合，齿槽带走油液，密封容积增大，形成局部真空，油液在大气压作用下进入，形成吸油腔；在 B 腔轮齿不断进入啮合，齿槽内由 A 腔带来的油液使密封容积减小，压力升高，排出油液，形成压油腔。

常用的低压齿轮泵（CB-B 型泵），公称压力为 2.5MPa，排量为 2.5～125mL/r，转速为 1 450 r/min，主要用于机床（自动车床、磨床）作动力源及各种补油、润滑和冷却系统。

常用中、高压齿轮泵（CB 系列泵），公称压力为 10MPa，排量为 32～100mL/r，转速为 1 450 r/min，

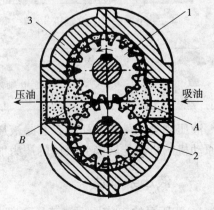

图 15-14　外啮合齿轮泵
1. 主动齿轮　2. 从动齿轮　3. 泵体

广泛用于工程机械和各种拖拉机液压系统上。

齿轮泵因进、出油口大小不等（进油口大，保证吸油充分；出油口小，减小径向力），不能反转使用。齿轮泵一般用作单向定量泵使用，见图 15-15。

三、叶片泵

叶片泵在机床液压系统中应用最广，其主要优点是结构紧凑、尺寸小、运转平稳、流量均匀；缺点是结构复杂、吸油特性差、对油液污染敏感。多用于 6.3MPa 以下的中压系统（一般叶片泵的公称压力为 6.3MPa）。叶片泵见图 15-16。

叶片泵按其工作方式分为单作用叶片泵和双作用叶片泵。单作用叶片泵压力较低，输出流量可调，一般为变量泵使用；双作用叶片泵压力较高，输出流量不能改变，一般为定量泵。

1. 单作用叶片泵工作原理　由定子、转子、叶片及配油盘（开有两个互不相通的油窗，分别与泵的吸油口和压油口相通）形成的密封容积，随着转子的转动，密封容积由小到大时吸油，由大到小时压油。转子每转一周，每个密封容积完成一次吸油和一次压油，所以称作单作用叶片泵。叶片泵泵芯和配油盘见图 15-17。在图 15-18 中定子为圆形内表面，定、转子偏心安装。叶片泵泵芯见图 15-19。

图 15-15　齿轮泵

图 15-16　叶片泵

图 15-17　叶片泵泵芯和配油盘

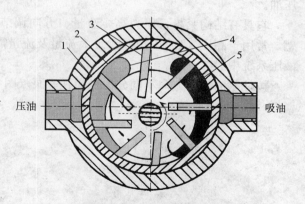

图 15-18　单作用叶片泵
1. 定子　2. 转子　3. 叶片
4. 配油盘压油窗口　5. 配油盘吸油窗口

单作用叶片泵承受压油腔径向不平衡力，又称非卸荷式叶片泵，工作压力不宜过高；该泵不可反转（叶片后倾 24°，利于叶片甩出）。改变定、转子偏心距（增大偏心距，即输出流量变大）和偏心方向，就能改变输出油液的流量和方向。

2. 双作用叶片泵工作原理　图 15-20 中，定、转子同心安装，定子内表面为椭圆形，由定子、转子、叶片及配油盘（各开有两个吸、压油窗）组成密封容积，其吸油、压油工作原理与单作用叶片泵相同。只是转子每转一周，每个密封容积完成两次吸油、两次压油，所以称作双作用叶片泵。

图 15-19　叶片泵泵芯

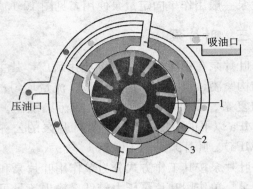

图 15-20　双作用叶片泵工作原理图
1. 转子　2. 定子　3. 叶片

双作用叶片泵两个吸、压油区对称布置，转子上的液压力平衡，又称卸荷式叶片泵，可提高工作压力；由于定、转子同轴，其输出流量不可调，只作定量泵使用。该泵可正、反转，但装配后旋转方向是固定的（叶片前倾 13°，减小摩擦，利于叶片在槽内滑动），若将定、转子、叶片及配油盘组件反转 180°重新装配，可反向供油。

四、柱塞泵

柱塞泵是利用柱塞在缸体的柱塞孔中做往复运动时产生的密封容积变化来实现吸油和压油。

它具有结构紧凑，压力高，流量、方向调节方便；但结构复杂、价格高、对油污染敏感。常用于高压（10MPa 以上）、大流量及流量需调节的液压机，工程机械，大功率机床等液压系统中。

按柱塞的排列方向不同分为径向柱塞泵（图 15-21）和轴向柱塞泵（图 15-22）两类。

图 15-21　径向柱塞泵

图 15-22　轴向柱塞泵

1. 径向柱塞泵工作原理

径向柱塞泵由定子、转子、柱塞、配油铜套和配油盘（图15-24）等主要零件组成工作原理图，见图15-23。定、转子偏心安装，配油盘固定不动，铜套与转子紧密配合一起转动。当转子按顺时针转动时，因离心力作用，柱塞会压紧定子内壁，使柱塞底部的密封容积产生变化（上半周容积增大，下半周容积减小）从而配油盘吸油和压油。若改变定、转子的偏心距及偏心方向，可调节供油量及供油方向。

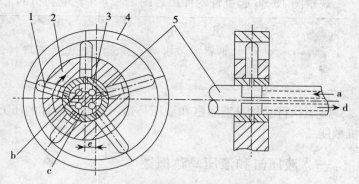

图15-23　径向柱塞泵工作原理图

1. 柱塞　2. 转子　3. 配油铜套　4. 定子　5. 轴
a. 进油孔　b. 吸油口　c. 压油口　d. 出油孔

2. 轴向柱塞泵工作原理

轴向柱塞泵由柱塞、缸体、配油盘和斜盘等主要零件组成，工作原理图见图15-25。当缸体在动力带动下转动时，由于柱塞根部弹簧和斜盘的作用，迫使柱塞在缸体内做往复运动，产生密封容积的变化，从而通过配油盘的配油窗口吸油和压油。若改变斜盘倾角的大小和方向，可调节供油量和供油方向。

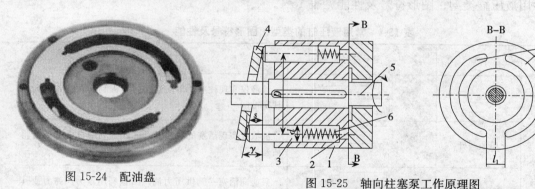

图15-24　配油盘

图15-25　轴向柱塞泵工作原理图

1. 缸体　2. 配油盘　3. 柱塞　4. 斜盘　5. 轴　6. 弹簧　7. 配油窗口

第五节　液压执行元件

看一看

图15-26　起重臂伸出

图15-27　斗轮取料机

机械基础

观察图 15-26 起重臂的伸出、图 15-27 斗轮取料机的工作工作过程。

想一想

起重臂的伸出是直线运动，而斗轮取料的过程是旋转运动，如何实现不同运动？

液压执行元件是液压缸和液压马达，它们将液体的压力能转换为直线运动和旋转运动的机械能。

一、液压缸和液压马达概述

液压缸将液体压力能转换为直线往复运动的机械能，输出的是推力（拉力）与直线运动速度。液压马达是将液体压力能转换成连续回转的机械能，输出的是转矩与转速。摆动马达介于两者之间，用来实现往复摆动。

1. 液压缸分类及图形符号 液压缸按结构特点分为柱塞式、活塞式和摆动式；按运动特性分为单作用和双作用缸两类。

（1）单作用液压缸：压力油只实现负载单向运动，回程靠自重或其他外力实现。

（2）双作用液压缸：压力油可实现负载的双向运动。

常用液压缸类型、图形符号及性能见表 15-4。

表 15-4　常用液压缸的类型、图形符号及性能

类型	名称	图形符号	性　能
单作用液压缸	柱塞式		油液仅实现柱塞的单向运动，回程利用自重或负荷将柱塞推回
	单活塞杆		油液仅实现活塞的单向运动，回程利用自重或负荷将活塞推回
	双活塞杆		只能向活塞一侧供压力油，回程利用重力、弹力或其他外力
	伸缩式		以短缸获得长行程。用液压油由大到小逐节推出，靠外力由小到大逐节缩回
双作用液压缸	单活塞杆		双向液压驱动，往返推力和速度不等
	双活塞杆		双向液压驱动，可实现等速往复运动
	伸缩式		双向液压驱动，由大到小伸出，由小到大逐节缩回
	摆动液压缸		双向驱动，实现往复摆动，输出扭矩和角速度

2. 液压马达分类 液压马达按结构形式可分为齿轮式、叶片式和柱塞式三种类型，按其排量是否可调分为定量马达和变量马达两类。图形符号见图 15-28。

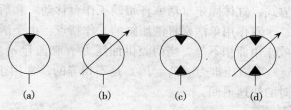

图 15-28 液压马达的图形符号
(a) 单向定量马达 　(b) 单向变量马达
(c) 双向定量马达 　(d) 双向变量马达

二、典型液压缸的工作原理

1. 双作用双活塞杆、液压缸 由缸体、活塞和两根直径相同的活塞杆组成，见图 15-29。按安装方式不同，可分为缸体固定（进出油口设在缸体两端，动力由活塞杆传出，活塞杆带动工作台移动）和活塞杆固定（进出油口设在活塞杆两端，动力由缸体传出，缸体带动工作台移动）两种，见图 15-30。

图 15-29 双作用双活塞杆液压缸

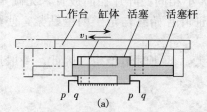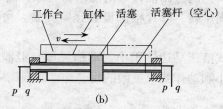

图 15-30 双作用双活塞杆液压缸
(a) 缸体固定双作用双活塞杆液压缸 　(b) 活塞杆固定的双作用双活塞杆液压缸

双作用双活塞杆液压缸的工作特点：两活塞杆直径（d）和活塞有效作用面积（A）通常是相等的，因此，当两腔供油压力 p 和流量 q_v 相等时，活塞或缸体往复运动的速度（v_1、v_2）和液压推力（F_1、F_2）是相等的，见图 15-31。

2. 双作用单活塞杆液压缸 由缸体、活塞和一根活塞杆组成，见图 15-32。有两种安装

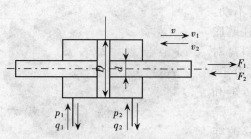

图 15-31 双作用双活塞杆液压缸计算简图

图 15-32 双作用单活塞杆液压缸

方式：缸体固定（活塞杆带动工作台移动）和活塞杆固定（缸体带动工作台移动）。

双作用单活塞杆液压缸的工作特点：由于活塞一端有杆，而另一端无杆，活塞两侧的有效作用面积不等，当两腔供油压力 p 和流量 q_v 相等时，活塞或缸体往复运动的速度（v_1，v_2）和液压推力（F_1、F_2）是不相等的。常用于实现机床较大负载、慢速工作进给和空载时的快速退回。

三、液压马达的工作原理

液压马达和液压泵在结构上基本相同。从原理上讲，二者是可逆的，液压泵可作液压马达使用。实际上，除个别型号的齿轮泵和柱塞泵可作液压马达使用外，由于结构上的原因，一般液压泵不能直接作液压马达使用。

1. 叶片式液压马达的工作原理 叶片马达见图 15-33。在图 15-34 中，叶片马达结构与双作用叶片泵类似（但马达叶片无倾角），当压力油进入压油腔后，由于压力油作用在叶片 1 和 4，叶片 3 和 2 的一面，另一面为低压回油。它们的有效作用面积不等，形成推力差，从而使叶片带动转子做逆时针方向旋转。

转换马达的进出油口（内部结构对称、油口大小相同；叶片径向放置，无倾角），则马达可以反向旋转。叶片根部设置预紧弹簧，可保证叶片始终与定子内壁贴紧，使马达正常启动。

叶片式液压马达体积小，动作灵敏，但泄漏大，低速时不稳定。因此，一般用于转速高、转矩小和动作要求灵敏的场合。

图 15-33 叶片马达

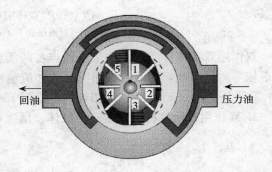

图 15-34 叶片马达工作原理图

2. 轴向柱塞式液压马达工作原理 柱塞马达见图 15-35。在图 15-36 中，斜盘和配油盘固定不动，缸体绕水平轴线旋转。压力油经配油盘进入柱塞底部，柱塞向外伸出，紧紧压在斜盘上，此时斜盘对柱塞的反作用力的切向分力对缸体轴线产生力矩，带动缸体旋转。缸体再通过主轴向外输出转矩和转速。

改变液压油输入方向，可改变马达转向；改变斜盘倾角大小和方向，可改变马达的排量、输出转

图 15-35 柱塞马达

矩和转向。

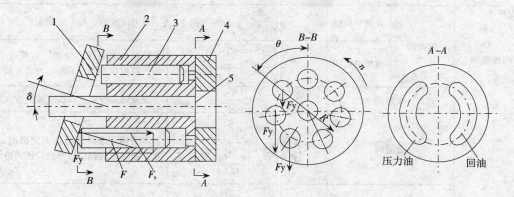

图 15-36 轴向柱塞马达的工作原理图
1. 斜盘 2. 缸体 3. 柱塞 4. 配油盘 5. 轴

第六节 液压控制元件及简单应用回路

观察图 15-37 数控机床。

图 15-37 数控机床

 想一想
数控机床的自动控制过程是怎么实现的?

液压控制元件为液压控制阀,是用来控制油液的压力、流量和流动方向,从而控制液压执行元件的启动、停止、运动方向、速度、作用力等,以满足液压设备的各种工作要求。常用控制阀的基本类型、图形符号及性能见表 15-5。

表 15-5　常用液压控制阀的类型、图形符号及性能

类　型	名　称		图形符号	性　能
方向控制阀	单向阀	普通单向阀	p_1　p_2	单方向流通，反方向截止
		液控单向阀	K　p_1　p_2	液控口不通压力油时，为普通单向阀；液控口加压力油时，为常开阀
	换向阀			改变阀芯位置，即改变液流方向
压力控制阀	溢流阀		P　K　t	常闭阀，进口压力达调定值时，打开、油液回油箱。维持进口压力稳定
	减压阀		p_1　p_1　p_2　p_2	常开阀，出口压力达调定值时，阀口减小。维持出口压力稳定
	顺序阀		p_1　p_1　K　p_2　p_2	常闭阀，利用油路压力来控制其他液压元件动作的先后顺序，以实现油路系统的自动控制
	压力继电器			油液压力达调定值时，发出电信号
流量控制阀	节流阀		p_1　p_2	调整通流面积，改变油液流量，流量受负载影响，稳定性差
	调速阀		p_1　p_2	调整通流面积，改变油液流量，流量不受负载影响，稳定性好

一、方向控制阀及应用

方向控制阀是利用阀芯和阀体间相对位置的改变，实现油路间的接通、断开或改变油液流动方向，以满足系统对液流方向的要求。它包括单向阀和换向阀。

（一）单向阀

单向阀有普通单向阀和液控单向阀两种。

1. 普通单向阀　仅允许液流沿一个方向通过，不允许倒流。工作原理见图 15-38。

压力油由 p_1 进入，油压克服弹簧弹力（弹簧刚度很小，开启压力仅为 $0.03 \sim 0.05$ MPa），推动阀芯右移，油液经径向孔 a 和轴向孔 b 由 p_2 流出；当压力油由 p_2 流入，油压和弹簧共同将阀芯压紧在阀体上，使阀口关闭。

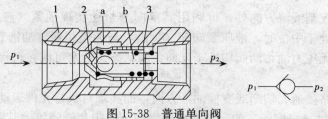

图 15-38　普通单向阀
1. 阀体　2. 阀芯　3. 弹簧　a. 径向孔　b. 轴向孔

2. 液控单向阀　当控制油口不通压力油时，它的作用和普通单向阀一样，正向流通，反向截止；当控制油口通压力油时，正、反都能流通。

在图 15-39 中，当控制油口 K 通压力油时，油压推动活塞克服弹簧力，顶杆推动阀芯右移，阀口开启。此时，正、反方向的液流可自由通过。

液控单向阀具有良好的单向密封性，常用于液压系统的保压、锁紧回路，所以该阀又称液压锁。

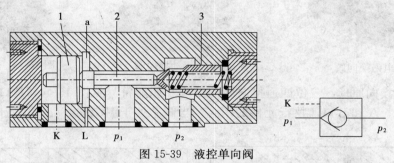

图 15-39　液控单向阀
1. 控制活塞　2. 顶杆　3. 阀芯　K. 控制油口　L. 泄油口

3. 单向阀应用举例

（1）单向阀避免油液倒流：图 15-40（a）为普通单向阀的简单应用回路，当工作缸快速运动，主油路压力降低（低于减压阀的调整压力）时，防止油液倒流，起保压作用，防止夹

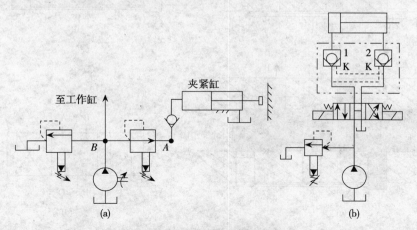

图 15-40　单向阀的简单应用回路
（a）普通单向阀的应用　（b）液控单向阀的应用

紧缸放松。

（2）单向阀除控制液流方向外，可利用其反向密封性实现锁紧（**液压锁**）。如图 15-40 (b) 当三位四通阀处于中位时，液压泵卸荷（泵出口与油箱相通，油液直接回油箱），两单向阀的控制油口均无压力油，两阀均处于反向关闭状态。活塞可以在行程的任何位置锁紧。

（二）换向阀

换向阀控制油路接通、切断或变换油液方向，而实现对执行元件运动的控制。

1. 换向阀的分类 根据阀芯的运动方式分滑阀、转阀和锥阀等，其中滑阀应用最广泛；按阀芯的工作位置数分为二位、三位和多位；按换向阀所控制的油口通路数分为二通、三通、四通、五通和多通；按换向阀的操纵方式分为手动、机动、电动、液动和电液动阀等。电磁换向阀见图 15-41，手动换向阀见图 15-42，机械换向阀见图 15-43。

图 15-41 电磁换向阀

图 15-42 手动换向阀

图 15-43 机械换向阀

（1）滑阀换向原理：三位四通换向阀的结构和职能符号见图 15-44，P 口为压力油口，O 口为回油口，A 和 B 口通执行元件的两腔。当阀芯处于图 15-44（a）位置时，四个油口

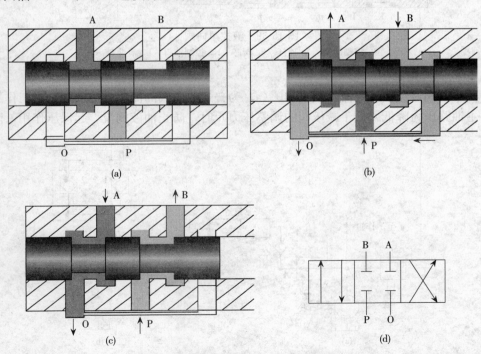

图 15-44 三位四通换向阀的结构和职能符号

(a)四油口互相封闭(中位) (b)P 与 A,B 与 O 分别相通(右位) (c)P 与 B,A 与 O 分别相通(左位) (d)职能符号

互不相通，液压缸两腔不通压力油，活塞处于停止状态；若阀芯右移一定距离，到图 15-44（b）所示位置时，油口 P、A 相通，压力油进入左腔，活塞右移，右腔油液经 B、T 油口回油箱。反之，阀芯左移，到图 15-44（c）所示位置时，油口 P 和 B，A 和 T 相通，活塞左移。职能符号可用图 15-44（d）中的符号表示。

（2）换向阀图形符号的含义：用方格表示阀的工作位置，三格即三个工作位置。一个方格内的符号"↑"或符号"⊥"与方格的交点数为油口通路数。符号"↑"表示两油口相通，但不代表油液流向；符号"⊥"表示油口封闭。P 表示进油口，T 表示通油箱的回油口，A 和 B 表示连接系统的工作油口。常态位要绘出外部接口（油口在方格上出头）。控制方式和复位弹簧的符号画在方格两侧，靠近控制的方格表示控制力作用下的工作位置。

（3）常用换向阀的控制方式符号：见图 15-45。

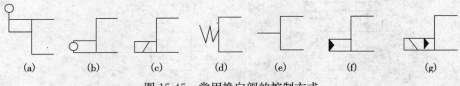

图 15-45　常用换向阀的控制方式
（a）手动式　（b）机动式　（c）电磁动　（d）弹簧控制
（e）液动　（f）液压先导控制　（g）电液控制

（4）三位换向阀的中位机能：三位换向阀在常态位（中位）时各油口的联通方式，称为中位机能。中位机能不同，阀在常态时对系统的控制性能也不同。常见的中位机能的代号、图形符号及特点见表 15-6。

表 15-6　三位阀的常见中位机能、图形符号及特点

型号	图形符号	机能特点
O 型		P、T、A、B 油口全部封闭，液压缸锁紧；液压泵不卸荷；可用于多个换向阀的并联工作
M 型		A、B 油口封闭，液压缸锁紧，外力作用下不能移动；P、T 油口相通，泵卸荷
Y 型		A、B、T 油口相通，液压缸活塞为浮动状态，在外力下可移动；P 口封闭，泵不卸荷
P 型		P、A、B 油口相通，组成差动回路；T 油口封闭
H 型		P、T、A、B 油口全部相通；液压缸活塞呈浮动状态，在外力作用下可移动；泵卸荷
K 型		P、T、A 油口相通，液压泵卸荷；B 腔封闭，活塞闭锁，外力作用下不移动

（5）换向阀的应用举例：

①采用三位四通电磁换向阀换向回路见图 15-46（a）。换向阀实现液流方向和状态的控制。手动控制换向阀的工作状态：左位工作，活塞右行；右位工作，活塞左行；中位时，液

压缸闭锁，活塞停止。实现工作台的往复运动和任意位置的闭锁。

②采用两位四通电磁换向阀换向回路见图 15-46（b）。电磁铁 1YA 断电，换向阀左位工作，活塞右行；电磁铁 IYA 通电，换向阀右位工作，活塞左行。实现液压缸的往返运动。

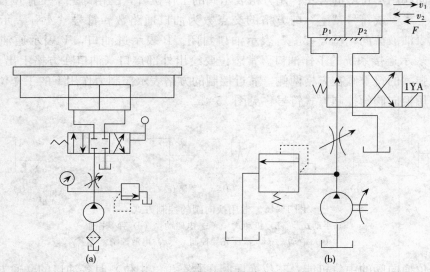

图 15-46　换向阀的简单应用回路

二、压力控制阀及应用

压力控制阀是控制液压系统中的压力或利用压力来控制其他元件的动作。它们是利用作用在阀芯上的油液压力与弹簧力相平衡原理来工作的。

1. 溢流阀　油液压力直接作用在阀芯上与弹簧力平衡来控制阀芯的启闭动作，以控制进油口处的压力。在液压系统中可起溢流、稳压作用，保持系统压力稳定，并起过载保护作用。

按结构和工作原理不同，分为直动型和先导型两种。直动型结构简单，但压力稳定性差，动作时有振动，一般用于低压系统。先导型压力稳定、波动小，一般用于中、高压系统。

（1）直动型溢流阀结构原理：在图 15-47 中，阀进口油液（系统压力）经阀芯小孔 d 作用于阀芯底部，当其向上的液压推力小于弹簧向下的弹力（$pA < F_{簧}$，A 是阀芯有效面积）时，阀芯处于最下端，关闭回油口，没有油液流回油箱。当系统压力 $pA > F_{簧}$ 时，阀芯上移，打开回油口，部分油液流回油箱，以限制系统压力继续升高，使阀进口（泵出口）压力始终保持 $p = \dfrac{F_{簧}}{A}$。调节调压螺母，改变 $F_{簧}$ 的大小，即可调节液压系统压力的大小。

（2）先导型溢流阀结构原理：在图 15-48 中，先导阀是一个小流量的直动型溢流阀，阀芯为锥阀，用来控制进口压力；主阀阀芯为滑阀，用来控制溢流流量。另外，其设有远程控制口 K（外控口），可以实现远程调压（K 口接远程调压阀，该阀的开启压力，由远程阀控制）或卸荷（K 口与油箱接通）。

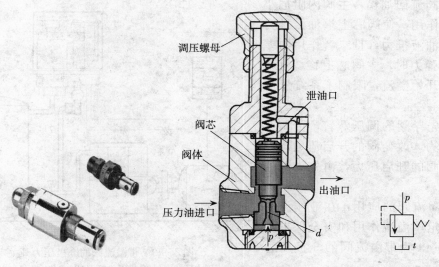

图 15-47　直动型溢流阀

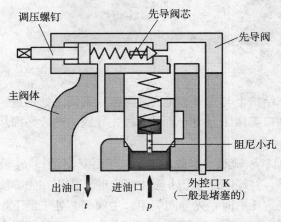

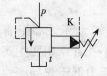

图 15-48　先导型溢流阀

　　系统压力油由阀进口进入主阀阀芯底部，同时经阀芯内阻尼小孔进入先导阀，作用在先导阀芯上。当系统压力 p 较小时，油液推力不能克服先导阀弹簧弹力，先导阀关闭，主阀关闭，没有溢流；当系统压力 p 升高，油液推力大于先导阀弹簧弹力，则先导阀打开，油液经先导阀流回油箱，主阀内阻尼小孔的减压作用，使阀芯上端油液推力小于底部油液推力，且二者作用力差大于弹簧弹力时，主阀芯上移，打开回油口，开始溢流，限制了系统压力的上升。

调节先导阀的调压螺钉，可调节弹簧预压力，改变阀的开启压力。先导型溢流阀的开启压力，由先导阀的弹簧调定。

（3）溢流阀的应用：在液压设备中主要起定压溢流作用和安全保护作用。图 15-49 为带溢流阀的 3 极压力开关。

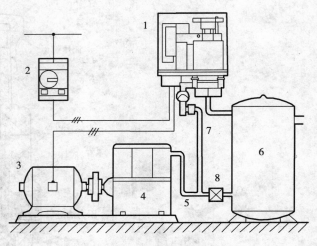

图 15-49　带溢流阀的 3 极压力开关
1. 压力开关　2. 电机保护断路器　3. 电机　4. 压缩机
5. 压力管　6. 压力罐　7. 溢流管　8. 背压阀

2. 减压阀　利用压力油通过缝隙降压，使出口压力低于进口压力，并保持出口压力基本恒定，以满足执行元件不同压力的需要。使同一系统可以有两个或多个不同压力。

根据结构和工作原理不同，减压阀可分为直动型（图 15-50）和先导型（图 15-51）两种。直动型结构简单，但压力波动大，只用于低压系统。先导型减压阀多用于液压系统。

图 15-50　直动型减压阀

图 15-51　先导型减压阀

（1）先导型减压阀工作原理：结构上与先导型溢流阀类似，不同之处是进、出油口与溢流阀相反。另外，减压阀进、出油口都接压力油，所以通过先导阀的油液必须从泄油口另接油管回油箱。

图 15-52 所示，高压油从进油口 p_1 流进，经减压口 a 减压后从出油口 p_2 流出，同时出口油液经小孔 d 作用在主阀芯底部，并经阻尼小孔 b 至主阀上腔，作用在先导阀阀芯上。当出口油液压力低于先导阀弹簧的调定压力时，先导阀关闭。主阀阀芯处于最下端，减压口开口最大，不起减压作用。当负载增大，出口油压增大，能够克服先导阀弹簧弹力，先导阀开启，出口油液经先导阀形成流动，主阀芯内阻尼小孔减压作用体现，主阀芯上端油液作用力小于底部作用力，主阀芯上移，减压口开口减小，减压作用明显，使出口油液压力降低，直到恢复为原调定值。即出口压力受外界干扰而变动时，减压阀将会自动调整减压口开度来保持调定的出口压力基本不变。

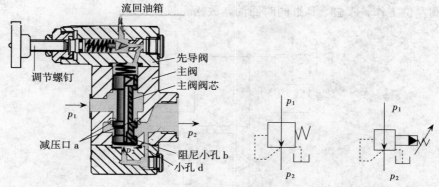

图 15-52 先导型减压阀工作原理图

可见，减压阀出口压力的调定是由先导阀的弹簧调定的。调节先导阀的调节螺钉，可以改变出口油液压力。

（2）减压阀的应用举例：图 15-53 减压阀的简单应用回路，应用于机床系统和润滑系统的压力调节。同一个泵源供油，利用减压阀 2 使液压缸 3（润滑系统）获得比液压缸 4（主系统）低且稳定的工作压力。

3. 顺序阀 是以压力为控制信号，自动接通或断开某一支路的液压阀，可控制各执行元件动作的先后顺序。

根据结构和工作原理，顺序阀可分为直动型（多用于低压系统）和先导型（多用于中高压系统），一般多使用直动型；根据所用控制油路连接方式的不同，顺序阀又可分为内控（进口油液压力）式和外控（外来油液压力）式。

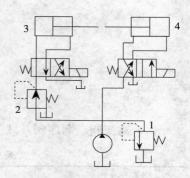

图 15-53 减压阀的简单应用回路

（1）图形符号：见图 15-54。

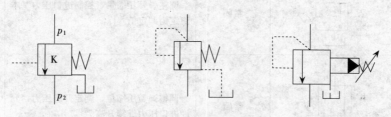

图 15-54 顺序阀图形符号

（2）结构和工作原理：它们的结构和工作原理分别与直动型溢流阀和先导型溢流阀相似，都是常闭阀，当控制油压达一定值时，阀芯移动，进出油口接通，油液通过。所不同的是顺序阀的出油口通常是与另一工作油路相通，是具有一定压力的油路，需专门设置泄油口，将阀体内的泄露油及先导阀溢出的油液泄回油箱。

（3）顺序阀的应用举例：图 15-55 为机床夹具用单向顺序阀先定位后夹紧的顺序动作回路。当换向阀的电磁铁断电时，换向阀右位工作，压力油先进定位缸 A 的下腔，上腔回油，活塞上移，实现定位。当缸 A 定位，活塞停止运动，油路压力升高，达到顺序阀调定压力时，顺序阀打开，压力油进入缸 B 下腔，活塞上移，实现夹紧。加工完毕，电磁铁通电，换向阀左位工作，A 缸、B 缸同时回油，放松。

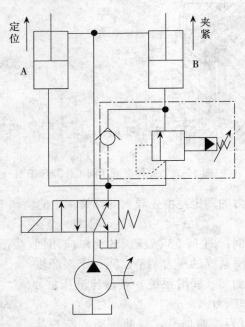

图 15-55 顺序阀的简单应用回路

（4）溢流阀、顺序阀及减压阀的比较见表 15-7。

表 15-7 溢流阀、顺序阀及减压阀的比较

名称	图形符号	原始状态	工作状态	出口连接
溢流阀		常闭	调整弹簧压缩量，控制进口压力基本稳定为调定值	与油箱连通
顺序阀		常闭	调整弹簧压缩量，调定开启压力，允许进口压力继续升高	与工作回路连通
减压阀		常开	调整弹簧压缩量，调定出口压力，控制出口压力基本稳定	与工作回路连通

4. 压力继电器　压力继电器是一种将油液的压力信号转换成电信号的电液控制元件。当油液压力达到压力继电器的调定压力时，其发出电信号，以控制相应电器元件（如电磁铁、电磁离合器、继电器等）动作，实现程序控制并起到了安全保护作用。

根据结构特点，压力继电器分为柱塞式、弹簧管式、膜片式和波纹管式四种，其中以膜片式和柱塞式较常用。

（1）柱塞式压力继电器的工作原理：图 15-56 中压力油作用在柱塞底部，当压力达到压力继电器调压弹簧的调定压力时，油液压力推动柱塞上移，此位移经杠杆放大后，推动开关 5 使其动作，发出电信号。改变弹簧 3 的压缩量，就可以调节压力继电器的动作压力。

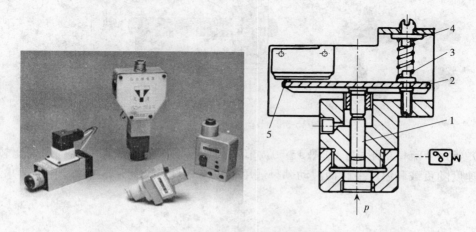

图 15-56　压力继电器及工作原理图
1. 柱塞　2. 杠杆　3. 调压弹簧　4. 调节螺钉　5. 微动开关

（2）压力继电器的应用实例：图 15-57 是机床工作进给与退回的换向回路。当 1YA 通电时，三位四通换向阀左位工作，压力油进入液压缸左腔，活塞慢速右行。当活塞到达终点停止，管路压力升高到压力继电器调定值，压力继电器发出电信号，使 2YA 通电，1YA 断电，换向阀右位工作，压力油进入液压缸右腔，左腔回油，活塞退回。

三、流量控制阀及应用

流量控制阀是通过改变节流口通流面积来控制液压系统中油液的流量，以控制执行元件的运动速度。常用的流量阀有节流阀和调速阀两种。

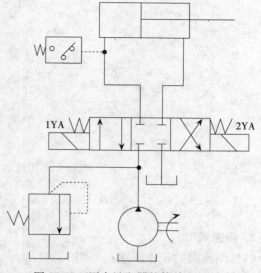

图 15-57　压力继电器的简单应用回路

1. 节流阀

(1) 节流阀的工作原理：在图 15-58 中油液由进油口进入，经阀芯上的节流口流向出油口，拧动调节螺钉，使阀芯轴向移动，从而改变节流口的大小，使通过阀的油液流量得到调节，达到控制速度的目的。

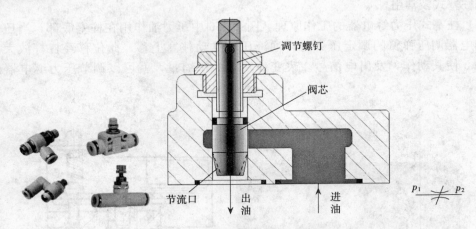

图 15-58 节流阀及工作原理图

(2) 常用节流口的形式：见图 15-59。节流阀流量受阀前后压差和温度影响比较明显，使元件速度随负载和温度变化而波动。只适用于工作负载变化不大，速度稳定性要求不高的场合。

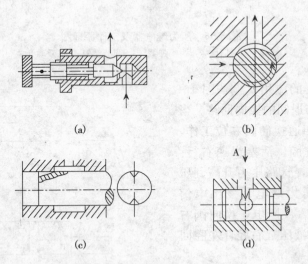

(a)   (b)

(c)   (d)

图 15-59 节流阀常用节流口形式
(a) 针阀式节流口   (b) 偏心式节流口
(c) 三角槽式节流口   (d) 周向缝隙式节流口

2. 调速阀

(1) 调速阀的工作原理：见图 15-60。
调速阀是由定差减压阀和节流阀串联而成，减压阀保持节流阀前后压差不变，从而使流

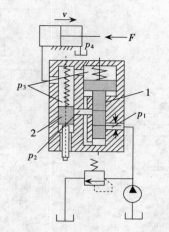

图 15-60　调速阀及工作原理图
1. 减压阀芯　2. 节流阀芯

量不受负载的影响，使元件运动速度稳定。

　　在图 15-60 中，油液经减压阀后的压力 p_2 流经节流阀后为 p_3，再将节流阀前后的压力油分别引回到减压阀阀芯 1 的两端，满足 $p_2-p_3=F_s/A$（F_s 为减压阀弹簧调定压力值）。弹簧压缩量调定后，F_s 基本为定值，保证了节流阀前后压差（p_2-p_3）基本不变。

　　当负载 F 增大，压力 p_3 也增大，使减压阀芯上端液压力增大，阀芯下移，减压阀开口增大，减压作用减小，使出口压力 p_2 也增大，直到使 $p_2-p_3=F_s/A$。反之，阀芯上移，仍可以保持（p_2-p_3）基本不变。即节流阀前后压差不变，从而保持流量的稳定。

　　当负载变化时，通过调速阀的油液流量基本不变，液压系统执行元件的运动速度保持稳定。

　　（2）温度补偿调速阀：可以补偿因温度升高而引起的流量不稳。

　　在图 15-61 中，温度升高时，温度补偿杆伸长，阀芯右移，节流口减小，补偿了因温度升高，黏度减小而引起的流量增大。

图 15-61　温度补偿原理

　　3. 流量阀的应用举例

　　①图 15-62（a）为用节流阀的调速回路。调节节流阀阀口大小，便能控制进入液压缸的流量，多余油液经溢流阀流回油箱。这种回路有溢流、节流损失，功率损耗大，适于低速、轻载、负载变化不大，对速度要求不高的场合。

　　②图 15-62（b）中，两调速阀串联来实现两次工作进给的速度换接，第二工作进给的速度小于第一工作进给速度，即调速阀 B 的开口要小于调速阀 A 的开口。这种回路速度换接平稳性好。

　　③图 15-62（c）中，两调速阀并联来实现两次进给速度的换接，两调速阀可分别调整，两次工作进给速度互不限制。这种回路在速度转换瞬间，液压缸会突然前冲。

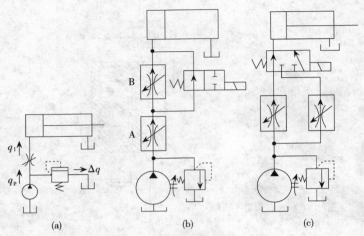

图 15-62　流量阀简单应用回路

四、新式液压控制元件概述

1. 插装式锥阀　又称插装式二位二通阀。具有结构简单、通流能力大、动作灵敏、标准化程度高等特点。适用于高压、大流量、较复杂液压系统。其通过不同的盖板和各种先导阀组合，便可构成方向控制阀、压力控制阀、流量控制阀。

2. 叠加式液压阀　简称叠加阀。本身既是元件又具有油路通道体作用，阀体上下两面做成连接面。选择同一种通径系列的叠加阀，叠合在一起用螺栓紧固，即可组成所需的传动系统。

3. 电液比例控制阀　可根据输入点信号的大小连续并按比例对液压系统的参数实现远距离控制和计算机控制。

4. 电液数字阀　用数字信息直接控制阀口的开启和关闭。

第七节　液压辅助元件

图 15-63　液压系统

观察图 15-63 液压系统。

想一想

除了液压动力元件、执行元件、控制元件外，还有哪些元件？

液压辅助元件将动力元件、执行元件、控制元件连接在一起，组成完整的液压系统，并保证整个系统正常、稳定地工作。主要的辅助元件（图 15-64）有过滤器、油管、管接头、蓄能器、压力计和油箱等。

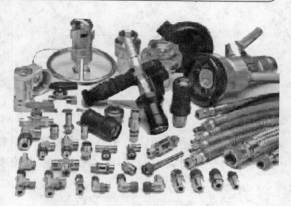

图 15-64 液压辅助元件

一、过滤器

保证液压系统用油的清洁，避免因油液内的脏物划伤或堵塞而造成系统故障。

1. 过滤器的等级为四个，分别为粗、普通、精、特精。一般压力越高，对过滤精度要求越高。

2. 按滤芯的材质和过滤方式可分为网式、线隙式、纸芯式、烧结式等。

3. 过滤器可以安装在液压泵的吸油管路上重要元件前面。但要注意，泵的吸油管路上要装粗过滤器，泵的输出管路或重要元件前面装精过滤器。

二、油管和管接头

液压系统用油管输送液体，用管接头把油管、液压元件连接起来，形成一个完整的液压系统，使各油路相通。

1. 液压传动中常用的油管有钢管、紫铜管、橡胶软管、尼龙管和塑料管。

钢管承压高、价格低，但弯曲、安装困难；铜管承压高，可任意弯曲，价格高。橡胶管安装方便，可以用作连接两个有相对运动的部件。尼龙和塑料管承压小，一般只用作回油管或泄漏油管。

2. 管接头常用的有焊接管接头（多用于高压）、卡套管接头（用于高压）、扩口管接头（用于中低压）和扣压式管接头（用于中低压）和快速管接头（经常用于接通和断开的油路）。

三、密封装置

密封装置的作用是防止液压系统中油液的内、外泄漏及灰尘、金属屑等异物浸入液压系统。分为间隙密封和密封圈密封两种。

1. 间隙密封 依靠运动件之间一定的配合间隙来实现。这种密封摩擦力小、泄漏大且加工精度要求高，只适用于低压、高速场合。

2. 密封圈密封 应用最为广泛。靠本身的受压弹性变形实现密封。通常有 O 形、Y 形和 V 形。

（1）O形密封圈：由耐油橡胶制成，截面呈圆形。具有结构紧凑，密封性好、摩擦阻力小、装拆方便、成本低等特点。见图15-65。

图 15-65　O形密封圈

（2）Y形密封圈：由聚氨酯橡胶和丁腈橡胶制成，截面呈Y形。安装时唇边对着高压侧，双向受力时要成对使用。具有摩擦力较小、运动平稳、安装简便等特点。见图15-66。

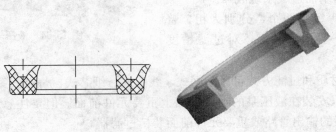

图 15-66　Y形密封圈

（3）V形密封圈：由多层涂胶织物压制而成，由支撑环、密封环和压环三层叠加在一起使用。具有密封性能好、耐磨的特点，但摩擦系数大。在直径大、压力高、行程长等条件下使用。见图15-67。

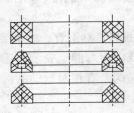

图 15-67　V形密封圈

四、蓄能器

液压系统中储存压力能的装置，见图15-68。用于系统临时供应大量压力油，补充泄漏与保持恒压，吸收液压冲击，降低噪声等场合。

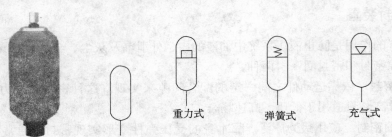

重力式　　弹簧式　　充气式

图 15-68　蓄能器

（1）蓄能器按结构可分为：重力式、弹簧式和充气式三种。见图 15-68。

①重力式蓄能器常用于固定设备中作储能用。

②弹簧式蓄能器一般用于小容量、低压场合。

③充气式蓄能器应用广泛。

（2）蓄能器的安装应注意：

①皮囊式蓄能器应垂直安装，避免皮囊与壳体摩擦而损伤。

②管路上的蓄能器必须用支架固定，以承受释放能量时的作用力。

③蓄能器与管路系统间应安装截止阀，以便充气、检修；与液压泵之间应装单向阀，以免泵停转或卸荷时蓄能器储存的压力油倒流。

（3）蓄能器的应用举例：见图 15-69，在液压缸停止工作时，泵输出的压力油进入蓄能器储存起来。液压缸动作时，蓄能器与泵同时供油，提供大流量压力油，使液压缸获得快速运动。

图 15-69　蓄能器简单应用回路

五、压力计与压力计开关

压力计（图 15-70）是用来观测液压系统各工作点的压力值，以达到调整和控制的目的。压力计开关用来接通或切断压力计和测量点之间的通道。

压力计开关（图 15-71）按可测量点的数目分为一点、三点和六点三种。可通过手柄转到不同位置，接通不同点的油液通路，而测出不同点的值。

图 15-70　压力计

图 15-71　压力计开关

六、油箱

油箱是用来储存油液、散发热量、沉淀杂质和分离油液中的气泡的。

机床液压系统中，多用床身直接做油箱，但油温变化会使床身变形，另外，液压元件的振动也会影响机床的加工精度。对精密机床要单独设置油箱，油箱有开式和闭式两种。

1. 闭式油箱 严密封闭，与外部大气不通，由专门的气泵供一定压力的惰性气体。液压泵的吸油性好，但要设专用气源装置，应用不够普遍。

2. 开式油箱 与大气直接相通。开式液压油箱结构见图 15-72（a）。

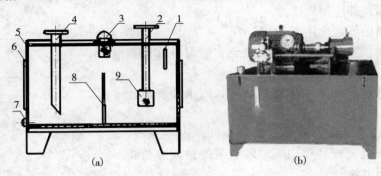

图 15-72 开式液压油箱
1. 油标 2. 吸油管 3. 加油口 4. 回油管 5. 油箱体 6. 侧板 7. 放油阀 8. 隔板 9. 过滤器

油箱上部设置带滤网的加油口，油箱底面应略带斜度，在最低处设放油阀；油箱内要设隔离板，将吸油区与回油区隔开，以利散热、沉淀污物和分离气泡；吸油管、回油管要尽量远离，管口均切成 45°斜口，以增大接触面积；回油管斜口要面向与回油管最近的管壁，利于散热、沉淀杂质；吸油管要与箱底和管壁有一定距离，以保证油的吸入性。

第八节 气压传动概述

观察图 15-73 气压传动系统。

图 15-73 气压传动系统

想一想
气压传动与液压传动有哪些相似之处？又有哪些不同？

气压传动是以压缩空气为工作介质来传递动力或控制信号的一种传动方式。气压传动和液压传动一样，都是以流体作为工作介质来进行能量的传动和控制，因此它们在工作原理、系统组成及图形符号等方面有许多相似之处，本节只作简单介绍。

第十五章　液压和气压传动

一、气压传动的特点

1. 优点

（1）用空气作工作介质，易取得，且用后直接排入大气，无污染。

（2）动作迅速反应快。

（3）空气黏度小、在管路中流动时压力损失小，易集中供气、远距离输送。

（4）宜在各种易燃、易爆、多尘埃、潮湿等恶劣环境下工作，且工作温度范围宽（0°～200°）。

（5）元件结构简单，维护方便，使用寿命长。

2. 缺点

（1）空气具有可压缩性，当载荷变化时，系统动作稳定性差。

（2）工作压力低（0.4～0.8MPa），不易获得较大输出力和转矩。

（3）噪声大，有些场合需安装消声器。

二、气压传动的工作原理

图 15-74 为气压传动基本组成系统原理图。原动机驱动空气压缩机 1，将原动机的机械能转换为气体的压力能。元件 2 为冷却器、元件 3 为油水分离器、元件 5 为空气过滤器、元件 4 为储气罐，它储存压缩空气并稳定压力。元件 6 为减压阀，它用于将气体压力调节到气压传动装置所需的工作压力，并保持稳定。元件 7 为油雾器，用于将润滑油喷成雾状，悬浮于压缩空气内，使控制阀及汽缸得到润滑。经过处理的压缩空气，经气压控制元件 8、9 进入气压执行元件 10，推动活塞带动负载工作。气压传动系统的能源装置一般都设在距控制、执行元件较远的空气压缩机站内，用管道输出给执行元件，而其他自过滤器以后的部分一般都集中安装在气压传动工作机构附近，把各种控制元件按要求进行组合后构成气压传动回路。

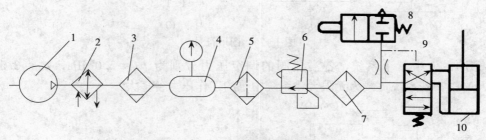

图 15-74　气压传动系统原理图
1. 空气压缩机　2. 冷却器　3. 油水分离器　4. 储气罐　5. 空气过滤器
6. 减压阀　7. 油雾器　8、9. 换向阀　10. 汽缸

三、气压传动系统的组成

气压传动系统一般由四部分成。

1. 气源部分　主要设备为空气压缩机，为系统提供压力能。

2. 执行元件　汽缸或气马达，带动负载完成规定动作。

3. 控制元件 控制气体压力、流量、方向的三类控制阀，从而控制元件按要求正确工作。

4. 辅助元件 有过滤器、干燥器、油雾器、消声器及管件等，它们可使压缩空气净化、干燥、润滑及完成元件间的连接，来保证气压传动的正常进行。

练 习 题

1. 简述液压传动的基本原理。

2. 液压传动系统由哪几部分组成，各组成部分的作用？

3. 简述液压泵的常见类型、基本结构、工作原理和特点。

4. 简述液压缸的常见类型，活塞速度和推力的计算公式。

5. 简述液压控制阀的类型，图形符号，各类型功用、工作特性、调节方法。

6. 已知单活塞杆液压缸的内径 $D=80mm$，活塞杆直径 $d=40mm$，工作压力 $p=2MPa$，流量 $q_v=10L/min$，假定回油压力为零，试求活塞往返运动时及液压缸采用差动连接时的推力和运动速度。

7. 说明图 15-75 所示图形符号所表示的名称及意义。

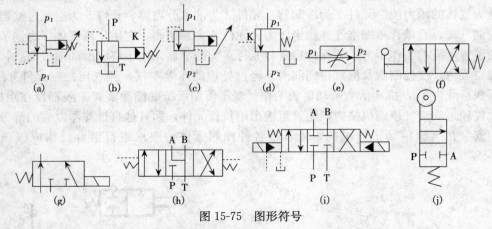

图 15-75 图形符号

8. 图 15-76 中三个系统，各溢流阀的调定压力分别为 $p_A=5.0MPa$，$p_B=3.5MPa$，$p_C=2.0MPa$，若系统负载为无限大，系统中泵的工作压力各多大？

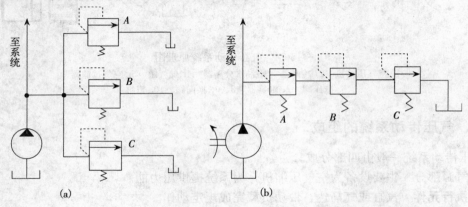

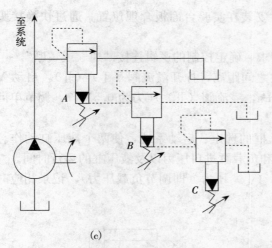

(c)

图 15-76 系统图

实训六 液压元件的拆装和液压回路的连接

一、液压元件的拆装

1. 根据元件图形符号说出元件名称。
2. 拆卸液压元件，观察元件的结构，分析它们的工作原理。
3. 一人负责一个元件的拆装，实行"谁拆卸、谁装配"制度；容易丢失的小零件，要放入专用小盒内；拆卸时做好拆卸记录，装配时反向装配；装配前要清洗各零件，配合表面要涂润滑油；不能分离的不要强行拆卸；装完后，要进行试运转。

二、连接液压回路

按要求在试验台（图 15-77）连接液压回路，并观察工作状态。了解回路组成和工作原理，逐步掌握各种回路的分析、连接与调试方法。

图 15-77 液压试验台

（一）调速回路连接步骤

1. 按照实验回路图（图 15-78）的要求，取出所要用的液压元件，检查型号是否正确。

2. 将检查完毕性能完好的液压元件安装在实验台面板合理位置。通过快换接头和液压软管按回路要求连接。

3. 根据电磁铁动作表输入框选择要求，确定控制的逻辑连接"通"或"断"。

4. 安装完毕后，定出两只行程开关之间距离，拧开溢流阀（Ⅰ）（Ⅱ），启动 YBX-16、YB-6 泵，调节溢流阀（Ⅰ）压力为 3MPa，溢流阀（Ⅱ）压力为 0.5MPa，调节单向调速阀或单向节流阀开口。

5. 按电磁铁动作表（表 15-8）输入框的选定、启动系统，使两个液压缸动作。在运行中记录单向调速阀或单向节流阀进出口和负载缸进口压力以及液压缸的运行时间。

6. 根据回路记录表，调节溢流阀门（Ⅰ）压力（即调节负载压力），记录相应时间和压力，填入表中，绘制 V-F 曲线。

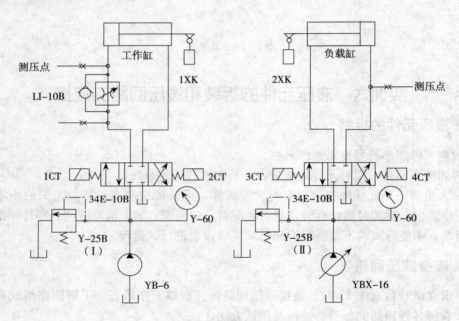

图 15-78　实验回路图一

表 15-8　电磁铁动作表 1

动作 工况	1DT	2DT	3DT	4DT	输入信号
负载缸进	－	－	－	＋	
工作缸进	＋	－	－	＋	1XK
工作缸退	－	＋	－	＋	2XK
负载缸退	－	＋	＋	－	

（二）调压回路连接步骤

1. 按照实验回路（图 15-79）的要求，取出所要用的液压元件，检查型号是否正确。

2. 将检查完毕性能完好的液压元件安装在实验台面板合理位置。通过快换接头和液压软管按回路要求连接。

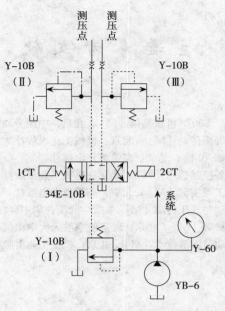

图 15-79 实验回路图二

3. 根据电磁铁动作表输入框选择要求，确定控制的逻辑连接"通"或"断"。

4. 拧开溢流阀（Ⅰ）、（Ⅱ）、（Ⅲ），启动 YB-6 泵，调节溢流阀（Ⅰ）压力为 4MPa。

5. 根据电磁铁动作表（表 15-9）输入框选择要求，使电磁铁 1CT 处于通电状态，调节溢流阀（Ⅱ），压力为 3MPa，调整完毕使 1CT 至断开的状态。

表 15-9　电磁铁动作表 2

工况 \ 动作	1CT	2CT
1	−	−
2	+	−
3	−	+

6. 按所选定的电磁换动作要求启动系统，使电磁铁 2CT 处于通电状态，调节溢流阀（Ⅲ），压力为 2MPa，调整完毕 2CT 至断的状态。

7. 调节完毕，回路就能达到三种不同压力，重复上述循环，观察各压力表数值。

主要参考文献

劳动和社会保障教材办公室 . 2007. 机械基础 [M]. 北京：中国劳动和社会保障出版社 .

刘建明，等 . 2008. 液压与气压传动 [M]. 北京：机械工业出版社 .

栾学刚，等 . 2010. 机械基础 [M]. 北京：高等教育出版社 .

王淑英，等 . 2008. 机械设备控制技术 [M]. 北京：机械工业出版社 .

王英杰，等 . 2010. 金属加工与实训 [M]. 北京：高等教育出版社 .

杨曙东，等 . 2008. 液压传动与气压传动 [M]. 3 版 . 武汉：华中科技大学出版社 .

于泓，等 . 2007. 机械工程材料 [M]. 北京：北京航空航天大学出版社 .

张群生，等 . 2006. 液压传动与润滑技术 [M]. 北京：机械工业出版社 .

图书在版编目（CIP）数据

机械基础/魏守恒主编. —2 版. —北京：中国
农业出版社，2011.9
中等职业教育国家规划教材
ISBN 978 - 7 - 109 - 16067 - 5

Ⅰ.①机…　Ⅱ.①魏…　Ⅲ.①机械学—中等专业学校
—教材　Ⅳ.①TH11

中国版本图书馆 CIP 数据核字（2011）第 186360 号

中国农业出版社出版
（北京市朝阳区农展馆北路 2 号）
（邮政编码 100125）
责任编辑　赵晓红
————————————
北京中兴印刷有限公司印刷　新华书店北京发行所发行
2001 年 8 月第 1 版　2011 年 10 月第 2 版
2011 年 10 月第 2 版北京第 1 次印刷
————————————
开本：787mm×1092mm 1/16　印张：13.25
字数：300 千字
定价：20.80 元
（凡本版图书出现印刷、装订错误，请向出版社发行部调换）